05 002

GOTTWALDT · STROMLINIE

Deutsche Dampflokomotiven der 30er Jahre

Alfred B. Gottwaldt

Stromlinie

transpress spezial

Einbandgestaltung: Nicole Lechner
Titelbild: Werksaufnahme der Dreizylinder-Schnellzug-Lokomotive 03 1073 im Ablieferungszustand.
Werkfoto Krauss-Maffei, Sammlung Koppisch, Archiv transpress

Abbildungen Innentitel: Briefmarken der Reichspost von 1935 nach einem Entwurf des Malers Karl Diebitsch. Der 40-Pfenning-Wert zeigt die Borsig-Stromlokomotive, der 25-Pfennig-Wert hat den Schnelltriebwagen zum Motiv.
Abbildung auf dem vorderen Vorsatz: Stromlinienlokomotive 05 002 der Deutschen Reichsbahn bei den Borsig Lokomotivwerken in Hennigsdorf (Osthavelland), etwa 1935 aufgenommen.
Abbildung auf dem hinteren Vorsatz: Stromlinien-Tenderlokomotive 61 002 der Deutschen Reichsbahn beim Verlassen der Fabrik von Henschel am Holländischen Platz in Kassel, Juni 1939.

ISBN: 3-613-70781-0

Ein Unternehmen der Paul Pietsch Verlage GmbH + Co.
2. Auflage 1998

Druck: Maisch & Queck, 70839 Gerlingen
Bindung: Karl Dieringer, 70839 Gerlingen
Printed in Germany

Inhalt

Vorwort:
Die Stromlinien-Dampflokomotiven der Reichsbahnzeit 7

Rückblick:
»Rund um die Stromlinie«.
Von Kurt Ewald 12

Einleitung:
»Die Entwicklung der Stromlinien-Lokomotiven«.
Von William Beil 24

Erstes Kapitel:
Die Weltrekord-Lokomotiven der Baureihe 05 39

Zweites Kapitel:
Der Henschel-Wegmann-Zug
und seine Lokomotive 61 001 79

Drittes Kapitel:
Die Stromlinienloks der Lübeck-Büchener Eisenbahn 109

Viertes Kapitel:
Über das internationale Stromlinien-Fieber 129

Fünftes Kapitel:
Die Mammutlokomotiven der Baureihe 06 von Krupp 149

Sechstes Kapitel:
Vom Bau der Lokomotive 61 002 bei Henschel 161

Siebtes Kapitel:
Der Fehlschlag mit der Maschine 05 003 177

Achtes Kapitel:
Die Lokomotive 19 1001 mit Dampfmotorantrieb 189

Neuntes Kapitel:
Ein Blick auf Stromlinie und Hakenkreuz 203

Zehntes Kapitel:
Die Super-Pazifiks der Baureihe 01^{10} 213

Elftes Kapitel:
Die leichten Stromlinien-Maschinen der Baureihe 03^{10} 229

Zwölftes Kapitel:
Die Stromlinien-Lokomotiven nach dem Krieg 251

Anhang: Bildquellen und Literaturhinweise 294

Stromlinien-Fahrzeuge der Reichsbahn auf dem Umschlag einer 1936 herausgegebenen Werbeschrift; Federzeichnung von C. Benedek.

Vorwort Die Stromlinien-Dampflokomotiven der Reichsbahnzeit

Die modernen ICE-Triebzüge unserer Zeit donnern mit bis zu 250 km/h Fahrgeschwindigkeit über die Neubaustrecken der deutschen Eisenbahnen: Im Windkanal wurde die Form ihrer Triebköpfe gefunden, und im Fahrtwind bewährt sich die Stromlinie tagtäglich. Seit mehr als 90 Jahren bemühen sich die Ingenieure, auf Schienen schneller als 200 km/h zu fahren, und so lange gibt es auch schon Gedanken um eine windschlüpfrige Formgebung der Fahrzeuge. Zwar wurden die Versuche von 1903 auf der »Militärbahn« von Marienfelde bei Berlin nach Zossen für den normalen Bahnbetrieb der Zeit noch wenig wirksam, doch mit der zunehmenden Motorisierung des Luft- und Straßenverkehrs am Ende der zwanziger Jahre war bei vielen Bahnverwaltungen die Frage der Geschwindigkeitssteigerung wieder aktuell. Und im Eisenbahn-Jubiläumsjahr 1935 wollte die Deutsche Reichsbahn mit Stromlinienfahrzeugen »ins zweite Jahrhundert« rasen.

Dieses Buch beschäftigt sich mit den deutschen Dampflokomotiven, die dem »Stromlinien-Fieber« der Zeit zwischen 1930 und 1940 ihre äußere Formgebung verdanken. Nach der Wirtschaftskrise von 1929 kam nämlich die Kunde vom »Industrial Design« über den Atlantik, das neben dem Konstrukteur auch den Gestalter eines Industrieprodukts forderte. Glatte Linien in weicher Rundung wurden an Häusern und Möbeln ebenso zum Gebot der Stunde wie an Flugzeugen und Lokomotiven. Bei den amerikanischen Stromlinien-Dampfloks sind sogar die Namen der Designer Henry Dreyfuss, Otto Kuhler und Raymond Loewy überliefert, während die Stromschalen der Reichsbahn-Maschinen ihre geistige Herkunft eher einer Fülle von wissenschaftlichen Versuchen im Windkanal verdanken. Es ist reizvoll, die frei gezeichneten und die streng errechneten Stromlinienformen miteinander zu vergleichen.

Im englischen Eisenbahnwesen hat man den Zeitgeist vor dem Zweiten Weltkrieg, der den schnellfahrenden Schienenfahrzeugen ein windschnittiges und farbenfrohes Blechkleid schneidern wollte, sehr treffend als »Streamlining Fever« bezeichnet. Der Temporausch und das Vorbild Amerikas heizten damals auch nüchternen Technikern ein. Mit dem deutschen Wort »Stromlinien-Fieber« ist diese Vokabel wohl nur unzureichend übertragen, läßt sie doch den lebhaften Konkurrenzgeist zwischen den einzelnen britischen Privatbahnen, die sich der Lokomotiv-Karosserien und der immer wieder gekürzten Fahrtzeiten schon aus Gründen des Wettbewerbs in den Jahren der zunehmenden Verbreitung des Automobils stets von neuem zu bedienen wußten, kaum recht erahnen. Immerhin sollte die Stromschale es gestatten, wenn Motor oder Kessel an der Grenze ihrer Leistung angelangt waren, doch noch ein ganzes Stück schneller zu fahren oder aber jedenfalls mehr Nutzlast zu befördern. In England wurde ein neues Design in den Werkstätten gehütet bis zum letzten Augenblick, fanden Probefahrten bei Nacht und Nebel statt, bearbeitete ein Agent die Presse vor den Premieren, und in seltenem Sportsgeist verfolgte die Öffentlichkeit den Ausgang aller Lokomotivrennen und ähnlicher Aktionen.

Doch nicht nur jenseits des Kanals grassierte die Epidemie. Nachdem auf dem Kontinent erste Versuche mit »Windschneiden« schon ab 1890 unternommen worden waren, sind seit dem Ersten Weltkrieg und in der darauffolgenden Konsolidierungs- und Krisenzeit durch den stark sich entwickelnden Bau von Flugzeugen die Begriffe der Aerodynamik und der Stromlinienfform auch weiteren Kreisen zum Bewußtsein gekommen. Die Technischen Hochschulen errichteten allerorten einen Windkanal, von dort rückten Ingenieure an die Reißbretter in die Fabriken nach, die schon entprechende Vorlesungen gehört hatten. Wenn schließlich noch das Zeppelin-Luftschiff über Berg und Tal dahergebrummt kam, dann sahen auch Stadt und Land, daß nun im Verkehrswesen eine neue Zeit angebrochen war.

Neu war also, trotz aller Vorläufer, der Ansatz in der Konstruktion um 1930 durchaus, hatten doch die systematischen Versuche ergeben, daß nicht eine vorn zugespitzte Keilform, sondern eher die rundliche Tropfengestalt mit ihrer Verjüngung nach hinten den niedrigsten Luftwiderstandsbeiwert aufwies. Zu Beginn der dreißiger Jahre war es im Gebiet der Deutschen Reichsbahn besonders der Technische Direktor der Borsig Lokomotiv-Werke GmbH, Max Widdecke, der bei der Verwaltung immer neue Vorstöße unternahm, um in dieser Zeit der nur minimalen Beschaffungen wenigstens durch fruchtbare Entwicklungsarbeit den Anschluß an den Fortschritt auf dem Weltmarkt nicht zu verlieren. So hatte sein Unternehmen, das bereits zum Konzernbereich der AEG gehörte, aus eigenem Antrieb im Charlottenburger Windkanal gewisse Experimente unternommen.

Nun war man zwar, was die praktische Nutzbarmachung der gewonnenen Erkenntnisse anbetraf, bei der Eisenbahn sowohl durch die Puffer als auch durch den angehängten Wagenzug gezwungen, von allzu sklavischer Nachbildung des Wassertropfens in Stahlblech Abstand zu nehmen, doch der Bau von Personenkraftwagen und selbst von Omnibussen hat hier die sonderlichsten Blüten getrieben. Aber spotten wir nicht, auch für die stromlinienverkleideten Dampflokomotiven hat der Volksmund so wenig schmeichelhafte Namen wie »Badewanne« oder »U-Boot« zu finden vermocht, und wer die damals nicht realisierten Entwurfszeichnungen mit offenem Auge betrachtet, kann noch deutlich erkennen, welche Geltung eben jener Tropfen einst besaß.

Mit diesen ein wenig ironisch anmutenden Bemerkungen wird auf die Gretchenfrage beim Bau einer jeden Stromschale hingewiesen: Steht der Aufwand für ihre Herstellung und Unterhaltung, stehen die betrieblichen Probleme mit Kühlung und Zugänglichkeit des Triebwerks wirklich in einem angemessenen Verhältnis zu dem Nutzen, der nun aus der höheren Geschwindigkeit oder der größeren Anhängelast erwächst?

Mancher bekannte Lokomotivbauer hat diese Frage auch im Höhepunkt des Stromlinien-Fiebers noch mit »Nein« beantwortet, und von André Chapelon, dem französischen Chefkonstrukteur, hörten manche Kollegen den Rat, sie sollten sich lieber um die »innere« als um die äußere Stromlinie ihrer Maschinen bemühen. Er meinte damit, daß allein die strömungsgerechte Konstruktion von Dampfleitungen und Kanälen in Kessel und Dampfmaschine eine beträchtliche Leistungssteigerung ermögliche, und daß ein verdampfungsfreudiger Boiler sowie eine zum Verarbeiten größerer Dampfmengen geeignete Verbundmaschine das gewünschte Ergebnis wohl ebenso zeitigen werde wie eine Blechhaut. »Thermodynamik statt Aerodynamik« war der Wahlspruch dieser Männer, die den Wunsch nach einer Stromschale oftmals als einen Eingriff in ihre Tätigkeit oder gar als Zweifel an ihrer Tätigkeit ansahen.

Diese Empfindlichkeit war zu einer Zeit, als das Automobil erstmals der Eisenbahn zu schaffen machte, und als bei den Bahnen daraufhin der Diesel-Schnelltriebwagen mit seinem Prestige der Dampflok den Rang abzulaufen drohte, nur zu verständlich, denn die meisten Stromlinienlokomotiven der dreißiger Jahre verdanken ihre Entstehung dem Willen in den Verkehrsabteilungen der einzelnen Verwaltungen, nicht nur das Tempo zu steigern, sondern auch optisch etwas mehr Aufhebens zu machen. Dabei brauchen wir nicht einmal auf die verkleideten Maschinen einzelner fernöstlicher Bahnen herabzublicken, deren Fahrgeschwindigkeit schon wegen des Gleises kaum 100 Stundenkilometer überschreiten konnte, sondern müssen nur an die noch langsamere Tenderlok T12 mit Stromschale bei der Lübeck-Büchener Eisenbahn (siehe Seite 126) oder auch an die 03 193 der Reichsbahn (siehe Seite 138) denken, die ihre Entstehung – wenn auch nur zum kleinen Teil – sicherlich doch dem Wunsch verdankte, beim Ausfall einer 05-Schnellfahrlok gegenüber dem erwartungsvollen Publikum nicht mit einer gewöhnlichen Dampflokomotive dienen zu müssen, sondern wenigstens den äußeren Schein zu wahren. Selbst gestandene Fachleute sind darauf hereingefallen, berichtete die Legende.

Viele Fotografien in diesem Buch lassen erkennen, daß sich unter der Stromschale zumeist eine ganz regelrechte, etwas verbesserte Dampflokomotive verbirgt. Der neue Antrieb mit Dampfmotor oder Turbine ist die Ausnahme geblieben; vielleicht waren sogar Elektroloks wie die E 18 oder Dieseltriebwagen wie der »Fliegende Hamburger« eine viel modernere Verkörperung des Begriffs von der Stromlinie. Ein besonderer Aspekt der Technikgeschichte ist es gewiß, wie aus der sozusagen übergehängten Stromlinienverkleidung allmählich eine mit- oder selbsttragende Struktur geworden ist.

Gerade ein Thema der Formgebung, wie es die Stromlinien-Eisenbahn bietet, verlangt nach einer Darstellung in Bildern. Viele Schaublätter mit Versuchskurven und -berichten verblassen hier vor der historischen Betriebsfotografie. Bei den Werksaufnahmen wurde besonders auf die Schönheit der Lichtreflexe auf dem Blech geachtet. Wo eine solche Lokomotive am Bahnsteig auftauchte, machten Amateure ihren Schnappschuß. Dieses Album versammelt die vielfältigen Werke zu einer »Betrachtung« im doppelten Wortsinn.

Die wenigen Stromlinien-Dampfloks waren vor 1939 die Rennpferde im Stall der Deutschen Reichsbahn. Sie bildeten eine Lokomotiv-Elite, die schon durch ihre Seltenheit besondere Aufmerksamkeit für sich beanspruchte. Mochte es sich nun um die Rekordloks der Reihe 05, um ihre Stellvertreterin 03 193 oder gar um den Prototyp 03 154 handeln, mochte man von den Stromlinien-Tenderloks für den Henschel-Wegmann-Zug oder für den H-L-Schnellverkehr zwischen den Hansestädten Hamburg und Lübeck sprechen, stets war die Rede von raren Einzelstücken, deren Sichtung am Bahnsteig einem Ereignis und deren selbstgeschossene Fotografie einer Blauen Mauritius gleichkam.

Den deutschen Stromlinien-Dampflokomotiven der Vorkriegszeit hat es auch an nachgerade teutonischer Tragik nicht gefehlt, in der nicht selten das einstige Wollen für das Erreichte zu stehen hatte. Denken wir etwa an die hochfliegenden Pläne mit der untauglichen Lokomotive 05 003; als Einzelfall kann man ihre Geschichte nicht ansehen. Kostbarkeiten sind die Bilder vom Betriebseinsatz der unglücklichen Baureihe 06, die erst im Sommer 1939 auf die Strecke kam, und Aufnahmen der verstärkten 61 002 vor ihrem Salonwagenzug sind gleich überhaupt nicht bekannt. Mit dem Beginn des Zweiten Weltkrieges, nach einer kaum fünf Jahre andauernden scheinbaren Blüte, war die Zeit der Stromlinienloks schon wieder vorüber, und nur einer doch über Unikate hinausgehenden Anzahl der beiden dreizylindrigen Pazifik-Reihen 01^{10} und 03^{10} ist es zu verdanken, daß hier einige wenige dokumentarische Lichtbilder auch außerhalb der Werkhallen entstanden sind. Noch während des Krieges fielen mit den Fahrgeschwindigkeiten auch die Stromschalen, und ihr baldiges Verschwinden hat nachher manche Legende von silbergrauen und stahlblauen Superlokomotiven wachsen lassen.

Dabei war die Farbgebung der deutschen Stromlinienlokomotiven viel einfacher, als man sich denken könnte – man muß sie nur in historischer Folge sehen. Die ersten drei Maschinen von 1935 (also 05 001/002 und 03 193) waren in dem Rot der englischen Midland-Bahn lackiert, und zwar oberhalb des Umlaufs etwas heller als unten. Die Maschinen der BR 61 von 1935/38 trugen eine Mehrfarbenlackierung in elfenbein, violett und grau, während der kohlenstaubgefeuerte Sonderling 05 003 ausnahmsweise und zur Sicherheit 1938 mit rostrotem Anstrich dekoriert wurde. Als dann die Serienlieferungen von Maschinen der Reihen 01^{10} und 03^{10} begannen, wurde 1940 die besondere Bestimmung getroffen, ihnen ein anthrazitgraues Farbkleid anzupassen. Zuvor hatte man 1939 aber noch die beiden 06-Lokomotiven ganz herkömmlich in schwarzem Lack mit roten Rädern und einem hellen Zierband abgeliefert; diese Regelung galt auch für die damals in Auftrag gegebene Dampfmotorlokomotive 19 1001 von Henschel, die aus mancherlei Gründen erst 1941 abgeliefert worden ist. Viele Berichte von grün, blau oder rot schimmernden Stromlinienlokomotiven lassen sich durch die Akten nicht belegen und müssen wohl als Lichtspiele über dem dunkel glänzenden Lack angesehen werden.

Mit diesem »Stromlinien-Album« werden Gedanken und Bilder wieder präsentiert, die in drei lange vergriffenen Arbeiten des Verfassers erstmals vorgestellt worden sind: Das Buch »Die Stromlinien-Dampflokomotiven der Reichsbahn« gab 1978 eine Gesamtschau des Themas, während sich die Schriften »Die Baureihe 61 und der Henschel-Wegmann-Zug« (1979) sowie »Baureihe 05, schnellste Dampflok der Welt« (1981) den bedeutendsten Einzelaspekten des Themas gewidmet hatten. Gewisse Wiederholungen sind dabei im Interesse der Vollständigkeit unvermeidlich gewesen, doch konnten in dieses Album auch viele neu entdeckte Bilddokumente aufgenommen werden.

Die deutschen Stromlinien-Lokomotiven sind längst zum Mythos geworden, zu einer sagenhaften Erzählung über die Vergangenheit. Die Propaganda der Nazizeit hat es vermocht, die wenigen Maschinen dieser Art volkstümlicher zu machen, als sie sein konnten. Sie waren modern und verlockend für jeden, auch wenn nur wenige Menschen sie oder auch die legendären Schnelltriebwagen der Vorkriegszeit überhaupt benutzen konnten: Diese Elite der Züge stellte selbstverständlich auch die Züge für die (damalige) Elite. Die Mode der Stromlinienlackierung und die Konstruktion der deutschen Diplomaten-Uniform jener Jahre trennt kaum etwas.

Mancher Leser wird diese Gedanken noch immer nicht oder auch nicht mehr wahrhaben wollen und würde sie gern aus einem Erinnerungsbuch für Eisenbahnfreunde verbannt wissen wollen, um unkritischer Betrachtung

Raum geben zu können. Doch vergessen wir nicht, daß der Reichsadler mit dem Hakenkreuz, wenn auch nur in Aluminium-Hohlguß hergestellt und daher Gegenstand mancherlei Gespötts, nicht von ungefähr den Bug vieler Stromlinien-Maschinen zieren sollte. Schmähen wir auch den Richter nicht, der sich die gewerbliche Nachbildung dieses Emblems für die Spielzeugloks auf elektrischen Modelleisenbahnen nachhaltig verbat. Wir alle müssen uns davor hüten, die Stromlinie als ein isoliertes ästhetisch-technologisches Phänomen der dreißiger Jahre zu sehen, denn es ist ohne seine historischen Zusammenhänge nicht zu begreifen. Und es gilt auch, sich gerade bei der hier in Rede stehenden Epoche immer wieder an all die in den Strudel einer menschenverachtenden Politik einbezogenen Lokomotivfahrten zu erinnern, deren Ziele die Front, eine Rüstungsfabrik oder ein Lager gewesen sind. Es war bereits Krieg, als die letzten deutschen Stromlinienloks in Betrieb gegangen sind.

Zur näheren Einführung in das Thema sind dem »Stromlinien-Album« zwei historische Texte vorangestellt, die aus dem Zeitgefühl von 1935 und von 1940 heraus beschreiben, wie man damals über die Stromlinie dachte. Auch am Beginn eines jeden Kapitels in diesem Buch finden sich – nach einführenden Hinweisen des Verfassers – jeweils wieder Auszüge zeitgenössischer Aufsätze, um kurz die Gedanken der damaligen Konstrukteure und Betreiber der Stromlinienloks in Erinnerung zu bringen.

Das Buch will auch dem Zweck dienen, all die Menschen vor dem Vergessen zu bewahren, in deren Leben diese eigenartigen Lokomotiven eine große oder kleine Rolle gespielt haben: planende Reichsbahnbeamte und Konstrukteure, emsige Handwerker und Ingenieure bei der Industrie, schließlich ihre schwitzenden Lokführer und Heizer oder die geplagten Werkstättenarbeiter. Manche Namen sind noch bekannt, viele sind leider schon vergessen. Deshalb kann jede Fotografie auf den folgenden Seiten auch mit der Frage betrachtet werden: Wen sehen wir, und was hat er dazu getan? Technikgeschichte ohne Menschen bringt nichts, soll das heißen.

Freunde und Kollegen haben den Verfasser dabei unterstützt, dieses umfassende Album einer vergangenen Zeit zusammenzutragen. Namentlich der Hilfe vieler älterer Eisenbahner, die mit den Stromlinienlokomotiven bei ihrer Berufsarbeit befaßt waren, verdankt das Werk seine Informationen und auch Abbildungen. Sie sind nicht mehr unter uns: Adolf Dormann, Theodor Düring, Kurt Ewald, Friedrich Flemming, Werner Fricke, Adolph Giesl-Gieslingen, Arnold Haas, Friedrich Herrmann, Hermann Maey, Arnold Müll, Leopold Niederstraßer, Friedrich Röhrs, Richard Roosen, Paul Roth, Friedrich Witte und Arnold Wolff. Ihrer sei deshalb hier gedacht. Großzügig haben auch die Herren Karlheinz Brust, Johannes Glöckner, Hermann Hoyer, Helge Hufschläger, Wolfgang Illenseer, Siegfried Kademann, Erwin von Kirchbach, Johann-Baptist Kronawitter, Karl-Ernst Maedel, Wolfgang Messerschmidt, Günther Metzeltin, Albert Mühl, Waldemar Röhrbein, Günther Scheingraber, Werner Schiebold, Hans Schmidt, Hans Schneeberger, Ernst Schörner, Günter Schulze, Ulrich Schwanck, Werner Sölch, Herbert Stemmler, Wilhelm Tausche, Horst Troche, Wolfram Veith, Friedrich Weyer und Walther Zeitler mit Rat und Tat zu diesem Buch beigetragen.

Die Lokomotivfabriken von Henschel, Krauss-Maffei und Krupp steuerten ebenso Material bei wie das Bildarchiv Preußischer Kulturbesitz, die Deutsche Fotothek, das Deutsche Museum München, das Historische Museum Hannover, das Museum für Verkehr und Technik Berlin, der Süddeutsche Verlag (Bilderdienst), der Ullstein-Bilderdienst und das Verkehrsmuseum Nürnberg. Ihnen allen gilt der Dank von Verfasser, Verlag und Leser.

Mit dem Motto »Dem Reich wir dienen – Auf Straßen und Schienen« warb die Deutsche Reichsbahn auf einer Druckschrift von 1935; Federzeichnung von J. C. Turner.

Rückblick: »Rund um die Stromlinie«

Von Kurt Ewald

Der nachstehende Text ist zuerst erschienen in Heft 5 der »Henschel-Hefte«, das im Dezember 1935 herausgekommen ist (Seite 26 bis 34). In dieser Werbe-Illustrierten der Lokomotivfabrik aus Kassel wurde angesichts ihrer Lieferung der Maschine 61001 an die Reichsbahn ein Rückblick auf die Vorläuferinnen der neuen Stromlinienlokomotiven versucht. Der damalige Verfasser, Dr.-Ing. Kurt Ewald (1895–1973), war als Projektingenieur bei Henschel beschäftigt; er ist auch mit eigenen Stromlinien-Entwürfen hervorgetreten. Die beigefügten Bilder wurden nach heutiger Quellenlage ausgewählt.

Die Vollendung der Henschel-Stromlinien-Lokomotive für die Deutsche Reichsbahn-Gesellschaft gibt Veranlassung zu einer kurzen Übersicht über den Einfluß des Stromliniengedankens auf die Gestaltung der Schienenfahrzeuge. Unser Bildbericht erhebt keinen Anspruch auf Vollständigkeit, läßt aber den Gang der Entwicklung in großen Zügen erkennen.

Die umgebende Luft setzt der Bewegung eines Fahrzeuges einen um so größeren Widerstand entgegen, je höher die Fahrgeschwindigkeit ist. Der Luftwiderstand wächst annähernd mit dem Quadrat der Geschwindigkeit. Die Erkenntnis, daß er durch entsprechende Gestaltung des Fahrzeugkörpers verringert werden kann, mag schon frühzeitig gewonnen worden sein. Wohl ihre erste praktische Auswirkung fand sie 1893/94 beim Bau der 2B-Vierzylinder-Verbund-Schnellzuglokomotiven der Paris-Lyon-Mittelmeer-Bahn, die die Riviera-Schnellzüge beförderten. Führerhaus-Vorderwand, Schornstein und Rauchkammerstirnwand waren als Windschneiden ausgebildet wegen der häufigen scharfen Winde, insbesondere des Mistral, der von Avignon dem Rhônetal folgt, also stets in Zugrichtung wirkt. Auch die um jene Zeit vollendeten dampfelektrischen Versuchslokomotiven von Heilmann besaßen windschnittige Stirnwände. Derartige Windschneiden sind lange Jahre hindurch als das zweckmäßigste Mittel zur Verringerung des Luftwiderstandes bei Lokomotiven angesehen worden und nicht allein in Frankreich, sondern auch in Deutschland (Sachsen, Bayern, Württemberg und Baden), Dänemark, Italien, Schweden und Ungarn, vereinzelt auch bei der von Henschel gelieferten 2C-Schnellzuglokomotiven der Bagdad-Bahn in Anwendung gekommen – vielfach allerdings lediglich aus rein ästhetischen Gründen. Einige Bahnverwaltungen, beispielsweise die Kgl. Preußischen Staatsbahnen, begnügten sich damit, nur die Vorderwand des Führerhauses keilförmig verlaufen zu lassen; die Erstausführungen der P8, der S6 und der S9 zeigten diese Anordnung. Mit der Zeit stellte sich heraus, daß der durch Windschneiden erzielte Leistungsgewinn unwesentlich gegenüber der Verteuerung in der Herstellung war. Man kehrte allgemein zu den herstellungstechnisch günstigsten, den Luftwiderstand aber nicht mindernden Formen zurück.

Eine wirksame Verringerung des Luftwiderstandes läßt sich durch windschnittige Gestaltung der Stirnflächen allein nicht erzielen, auch die Längsflächen und vor allem das rückwärtige Ende des Zuges müssen strömungstechnisch günstig gestaltet sein. Das wußte man schon um die Jahrhundertwende. Frederick U. Adams' Zug »Windsplitter« vom Jahre 1900 dürfte der erste ausgesprochene Stromlinienzug gewesen sein, der je gebaut wurde. Er wies schon alle kennzeichnenden Merkmale der neuzeitlichen Schnellbahnzüge auf: Glatte Seiten- und Deckenflächen, bis nahe zur Schienenoberkante heruntergezogene Seitenflächen, Kurzkupplung zwischen den Wagen und eine den Sog verringernde (in diesem Falle keilförmige) Gestaltung des Zugschlusses. Der Zug bestand aus sechs Wagen und erreichte auf der Baltimore und Ohio Railroad eine Geschwindigkeit von 131 km/h. Über die Lokomotive gibt die Literatur keine Auskunft; eine Abbildung läßt darauf schließen, daß eine (nicht verkleidete) Lokomotive üblicher Bauart verwendet wurde.

Die Firma Henschel & Sohn darf sich rühmen, die erste

stromlinienartig verkleidete Lokomotive der Welt gebaut zu haben. Die Henschelsche Schnellbahnlokomotive vom Jahre 1904 – die »Altona 561« der Kgl. Preußischen Staatsbahnen – war zur Verringerung des Luftwiderstandes gleich dem Tender mit einem vorn keilförmig zugespitzten Kastenaufbau versehen. Dieser kastenförmige Umbau ist als eine erste Annäherung an den Stromlinienkörper, die Form geringsten Luftwiderstandes, anzusehen. Die Lokomotive erzielte Geschwindigkeiten von 144 km/h und hat einen Hauptanziehungspunkt der Weltausstellung zu St. Louis gebildet.

Beide Versuche zur Verringerung des Luftwiderstandes – der Adams-Zug wie die Henschel-Schnellbahn-Lokomotive – eilten ihrer Zeit weit voraus. Heute wissen wir, daß die Stromlinie für Lokomotivzüge nur bei Geschwindigkeiten über 130 km/h wirtschaftlich berechtigt ist. An solche war seinerzeit im regelmäßigen Zugdienst nicht zu denken, den Versuchen mußte eine praktische Auswirkung versagt bleiben. Adams' Stromlinienzug wurde daher schon nach kurzer Zeit wieder aus dem Betrieb gezogen, die Henschelsche Schnellbahnlokomotive wurde nach Abschluß der Versuchsfahrten ihrer den Luftwiderstand mindernden Aufbauten beraubt und hat in derart geänderter Form noch bis 1918 unter der Betriebsnummer »Hannover 999« im Schnellzugdienst zwischen Berlin und Hannover gestanden.

Grundlegende Bedeutung konnte die Stromlinie erst in dem Augenblick gewinnen, in dem höchste Geschwindigkeiten auf der Schiene auch im fahrplanmäßigen Verkehr als technisch möglich und wirtschaftlich tragbar erwiesen waren. Diesen Beweis erbrachte der Kruckenbergsche »Schienenzeppelin«; er erreichte am 21. Juni 1931 eine Geschwindigkeit von 230 km/h und überbot damit den 1903 von den elektrischen 3000-PS-Versuchs-Schnellbahnwagen aufgestellten Geschwindigkeitsrekord auf der Schiene um 16 km/h. Der Kruckenbergsche Schnelltriebwagen ist zwar nicht in planmäßigen Verkehr getreten; aber er hat insofern eine geschichtliche Mission erfüllt, als er hinsichtlich der Erhöhung der Reisegeschwindigkeiten eine grundlegende Umwälzung im Eisenbahnwesen hervorgerufen hat. Der Geschwindigkeitssprung von 120 auf 175 km/h für Schnellzüge, von 65 auf 90 km/h für Güterzüge ist als Verdienst des Schienenzeppelins anzusehen.

1932 erscheint als erster fahrplanmäßiger Schnellbahnzug der Welt der »Fliegende Hamburger«, bei dem die Stromlinienform bis zur äußersten Konsequenz getrieben ist. Er besitzt dieselelektrischen Antrieb und legt die 287 km lange Strecke Berlin–Hamburg in 138 Minuten (entsprechend einer mittleren Reisegeschwindigkeit von 125 km/h) zurück; er ist das Vorbild für eine große Anzahl ähnlicher Fahrzeuge in aller Welt geworden. Insbesondere in Belgien, Dänemark, Frankreich, Holland, Italien und Nordamerika hat er Nachahmungen gefunden; auch die neuen Wechselstrom-Triebzüge der Reichsbahn sind in der Formgebung an den »Fliegenden Hamburger« angelehnt.

Die Deutsche Reichsbahn hat nicht gezögert, die guten Erfahrungen mit dem Stromlinien-Diesel-Triebzug sinngemäß auch für den Dampfbetrieb zu verwerten. 1933 wurden von Henschel & Sohn Entwürfe für Dampf-Stromlinien-Lokomotiven und -Züge veröffentlicht. Die in diesem Aufsatz dargelegten Gedankengänge haben 1935 im Henschel-Wegmann-Stromlinienzug eine Verwirklichung erfahren. Die neue Henschel-Stromlinien-Lokomotive ist auf Grund der Erfahrungen mit der versuchsweise verkleideten 03-Lokomotive der Reichsbahn und der Ergebnisse ausgedehnter Modellversuche im Windkanal entstanden, die von der Reichsbahn durchgeführt wurden. Gegenüber dem Vorversuch von 1904 sind grundsätzlich neu die Verkleidung des Triebwerks und die Anlehnung der Stromlinienverkleidung an die Kesselform unter Verzicht auf einen maschinenhausähnlichen Aufbau. Die Henschel-Lokomotive ist als Tenderlokomotive ausgebildet und für die Beförderung eines leichten Vierwagenzuges in Stromlinienform bestimmt. Im Gegensatz zu ihr soll die zweite Stromlinientype der Reichsbahn, die aus den Borsig-Lokomotivwerken stammende 2C2-Schlepptenderlokomotive der Reihe 05, vor D-Zügen üblicher Bauart eingesetzt werden.

Im Ausland ist der Stromliniengedanke teils zögernd, teils mit großer Begeisterung aufgegriffen worden. Beispiele für die erstere Einstellung geben die London and North Eastern Railway, die Great Western Railway, die Baltimore & Ohio Railroad, die Boston & Maine Railroad und die Belgischen Nationalbahnen. Diese Gesellschaften begnügen sich unter Verzicht auf ausgesprochene Stromlinienverkleidung vorläufig im Wesentlichen damit, die Außenflächen der Lokomotive, insbesondere die des Kessels, so glatt wie möglich zu halten. Der Engländer hat für solche Lokomotiven die Ausdrücke »partly streamlined« und »semi-streamlined« geprägt.

Eine derartige Zwischenlösung bringt zwar gewisse betriebstechnische Annehmlichkeiten mit sich, es ist aber nicht anzunehmen, daß sie allgemein Eingang finden wird. Durch möglichst vollkommene Stromlinienverkleidung werden bei hohen Geschwindigkeiten im Mittel 500 PS je Lokomotive eingespart. Zweifellos wird daher die Stromlinie künftig einen selbstverständlichen Begriff für den Schnellbahnverkehr bilden.

Von den Windschneiden

Neue technische Ideen für den Antrieb von Lokomotiven ermutigten schon vor der Jahrhundertwende auch zu neuen Formen: Der Holzstich unten stellt eine dampf-elektrische Versuchslokomotive namens »Fusée« (etwa: Rakete) vor, die Jean-Jaques Heilmann 1892 für die französische Westbahn erbaut hat. Der Lokführer stand vor dem Kessel; die schnellaufende Dampfmaschine trieb einen Generator an, der acht Fahrmotoren an den Achsen mit Strom versorgte. Die Verkleidung der komplizierten Lok war »wie ein umgekehrtes Schiff« gestaltet, ließ also Gedanken über die Strömung erkennen. Rechts oben ist eine »Coupe-Vent« (Wind-Schneide) der französischen Paris-Lyon-Mittelmeer-Bahn dargestellt. Zwischen 1898 und 1901 wurden nicht weniger als 120 dieser Vierzylinder-Verbundmaschinen gebaut, die mit 2-Meter-Rädern eine Höchstgeschwindigkeit von 120 km/h fahren konnten. Eine Maschine dieses Typs ist heute im Eisenbahnmuseum von Mulhouse im Elsaß ausgestellt. Die Verwandtschaft der badischen Lokgattung II C im Bild darunter mit dem Vorbild jenseits des Rheins ist nicht zu übersehen. In Baden hat man die letzten 12 Lokomotiven dieses Typs, um 1900 von Hartmann in Chemnitz gebaut, mit Windschneiden bestücken lassen. Sie erreichten mit 2100 mm Treibraddurchmesser ein Tempo von 120 km/h.

C.100
1900 PARIS 1900
37

2 B Zweizyl Schnellzlok geb. Sächs Masch Fabr Chemnitz

Ein Wettlauf zwischen Dampf und Strom

In den Jahren 1903/04 fanden auf der preußischen Militärbahn zwischen Marienfelde und Zossen bei Berlin vielfältige Schnellfahrversuche statt. An den Drehstrom-Triebwagen der »Studiengesellschaft für elektrische Schnellbahnen«, der auf dem Bild oben in Dahlewitz zu sehen ist, wurde für kurze Zeit sogar ein besonders windschnittiger Vorbau montiert. Damit hat man bis zu 210 km/h erreicht. Auch sechs verschiedene Dampflokomotiven wurden damals schnell gefahren; die rechts oben gezeigte 2 B 1-Maschine »Magdeburg 2« der Gattung S 7 (Bauart de Glehn, Maschinenfabrik Grafenstaden) hat den Dreiwagenzug aber kaum über 120 km/h bringen können. Favorit unter den »Dampfern« war die darunter abgebildete 2 B 2-Versuchslok der Bauart Henschel-Wittfeld mit vollständiger Verkleidung.

NICHTRAUCHER

Lokomotiven oder Möbelwagen

Für die verkleideten preußischen Versuchslokomotiven der Jahre 1903/04 mit ihren vornliegenden Führerständen bürgerte sich schon bald der Spitzname »Möbelwagen« ein, so ungewohnt war die Formgebung damals. Die unten dargestellte Lok »Altona 561« erreichte mit einem Sechswagenzug 127 km/h, mit einem Dreiwagenzug sogar 137 km/h. Sie ist hier in der »Locomotivreparatur« von Leinhausen bei Hannover zu sehen. Gleichzeitig unternahm die Preußische Staatsbahn bei ihrer Schwestermaschine »Altona 562« einen Versuch mit teilweiser Verkleidung (Bild rechts oben). Beide Lokomotiven besaßen ein Dreizylinder-Verbundtriebwerk. Da der Kessel und das Triebwerk in herkömmlicher Weise unter der Hülle steckten, konnte man die beiden Loks nach dem Abbau der Karosserie noch bis 1920 im normalen Zugdienst (in der Gattung S 9) einsetzen. Auch die Schnellzug-Lokomotive für Gebirgsbahnen »Erfurt 1980« der Gattung T 15 mit abgerundeten Führerständen auf beiden Seiten kam 1904 heraus. Alle drei Fahrzeuge entstanden bei Henschel & Sohn in Kassel nach Plänen von Wittfeld und Kuhn.

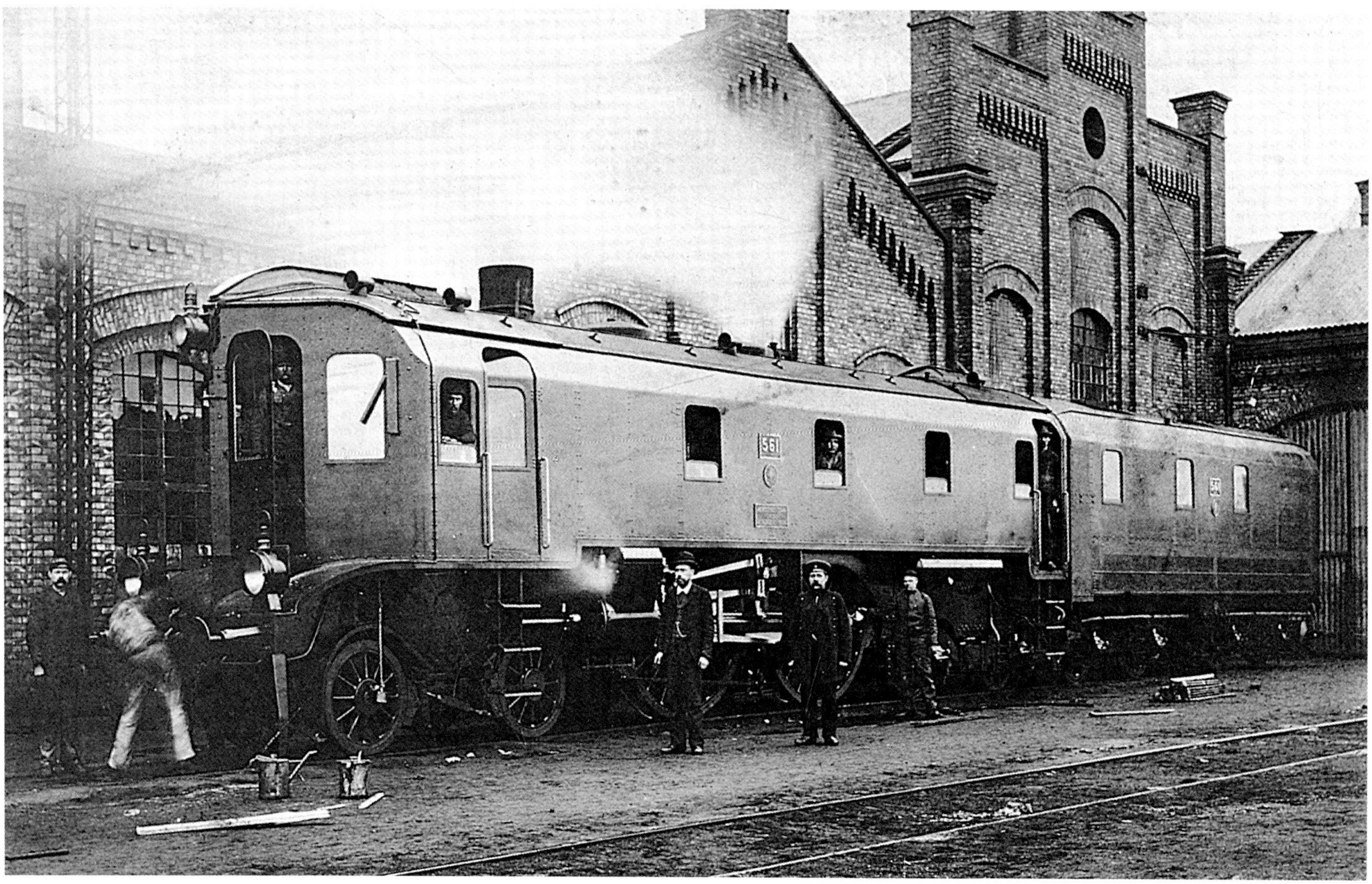

Verlag von Richard Siebold, Chemni

Wind und Leistung

Die drei Bilder auf der linken Seite zeigen, wie man nach der ersten Begeisterung für die »Windschneiden« der Jahrhundertwende allmählich wieder auf den Boden der Wirklichkeit zurückkehrte: Oben zunächst eine nur ausnahmsweise nach PLM-Vorbild dekorierte preußische S3-Lokomotive, deren über tausend Schwestern ohne dieses Blech auskommen mußten. In der Mitte die 1906 gelieferte preußische Gattung S6, eine Heißdampflok mit Spitzführerhaus. Ihre Höchstgeschwindigkeit lag bei 100 km/h, und auch die darunter gezeigte sächsische Schnellzuglok der Gattung XII H von 1906 mit Heißdampf-Vierlingstriebwerk und drei Kuppelachsen war nicht schneller. Mehr schien nicht nötig, und ein Visionär wie der Verleger August Scherl blieb mit seinem Projekt zur Einschienen-Schnellbahn (Zeichnung unten von Paul Brockmüller) trotz prächter Bildbände zur Werbung ein ungehörter Rufer: »Die beiden Endwagen sind zugeschärft, um eine möglichst günstige Durchschneidung der Luft zu gewährleisten«, schrieb er 1909 zu seinen Träumen von 200 km/h Fahrgeschwindigkeit. Es blieb bei Plänen.

Maschinenästhetik in Bayern und Preußen

Nicht nur der Wunsch nach mehr Leistung führte zu windschnittigen und glatten Formen der Lokomotiven. Auch die »Schönheit der Maschine« (die Maschinenästhetik) war vor dem Ersten Weltkrieg ein Thema der Ingenieure. In der Zeitschrift »Die Zukunft« von 1908 heißt es über die links oben abgebildete bayerische Schnellzuglok der Gattung S 2/6, mit der bei Versuchen 154 km/h Geschwindigkeit erreicht wurden: »In der Nürnberger Ausstellung

von 1906 stand eine Schnellzuglokomotive von Maffei, in die sich nicht nur Techniker, sondern auch die künstlerisch geschulten Aesthetiker verlieben mußten. Sie war für Geschwindigkeiten bis zu hundertfünfzig Kilometer pro Stunde gebaut, weshalb der Führerstand, die Rauchkammerthür und die Verkleidungen vom Dom und von den außenliegenden Zylindern als Windschneiden ausgebildet waren. Ihr Profil glich am Vordertheil der Brust eines Vogels. Man konnte auch an den zum Flußstich eingerichteten Bau eines Schiffers oder eines Fischkopfes denken. Sie war augenscheinlich zum Fliegen (wenn auch auf ebener Fläche) bestimmt. Ihre Bestimmung war so sinnfällig, daß es zu ihrer Schönheit nichts Anderen bedurfte. Der Weg von der Empireform der ersten Lokomotive zur vollendeten Sachlichkeitsform von heute bezeichnet eine Entwicklung, bei der wir nur gewonnen haben.« Diese Maschine ist heute noch im Verkehrsmuseum Nürnberg zu sehen. Darunter das Bild der Borsig-Fabriknummer 7000, die 1909 für die algerischen Strecken der Paris-Lyon-Mittelmeer-Bahn gebaut worden ist. Mit einem Treibraddurchmesser von 1660 mm tat sie sich schwer, mehr als 90 km/h zu erreichen; die »Windschneiden« dienten der Werbung und der Mode. Bis heute bewundert wird die Maschinenästhetik der bayerischen Schnellzuglok-Gattung S3/6 von Maffei, bei der nur noch Rauchkammertür und Führerhausvorderwand windschnittig ausgebildet sind. Zugleich ist aber die gesamte Form mit ihren glatten Linien und abgerundeten Konturen fortschrittlich und klar. Die Aufnahme unten zeigt die Maschine 3602 als Glanzstück der Ausstellung »München 1908«; wohl der Höhepunkt im Bau deutscher Länderbahn-Dampflokomotiven vor 1920.

Einleitung: »Die Entwicklung der Stromlinien-Lokomotiven«

Von William Beil

Eine zeitgenössische Zusammenfassung der Entwicklungsgeschichte aller deutschen Stromlinienloks bietet der folgende Text, den die von der Industrie geförderte Zeitschrift »Die Lokomotive« im Märzheft 1940 (Seiten 35 bis 40) gebracht hat. Der Kriegsverlauf hat den Aufsatz bald zu einer Art von Rückblick gemacht. Sein Verfasser, Oberingenieur William Beil, war bei den Borsig-Lokomotivwerken in Hennigsdorf bei Berlin angestellt. Die hier beigegebenen Abbildungen entsprechen weitgehend der Illustration des Originals.

Im Jahre 1920 schrieb der bekannte Lokomotiv-Fachmann Robert Garbe in seinem Lehrbuch »Dampflokomotiven der Gegenwart« über die Zulässigkeit hoher Fahrgeschwindigkeiten folgendes: »Ernstlich frage ich, dem in weiten Kreisen verbreiteten Geschwindigkeitstaumel gegenüber, welcher Fachmann will es wagen, nicht nur auf einer besonders ausgewählten und hergerichteten Strecke am hellen Tage bei einer wohlvorbereiteten Versuchsfahrt derartige Kunststücke für Augenblicke höchster Anspannung vereinzelt vorzuführen, sondern im regelmäßigen Schnellzugdienst der Lokomotiv-Mannschaft zu gestatten, einen mit Reisenden besetzten Zug mit 150 km/h auch nur kurze Zeit fahren zu dürfen?«

Noch im Jahre 1935 betrug die Höchstgeschwindigkeit der Dampflokomotive im fahrplanmäßigen Verkehr bei der Deutschen Reichsbahn nicht mehr als 120 km/h; heute sind mit Stromlinien-Dampflokomotiven im Versuchsbetrieb Geschwindigkeiten von rund 200 km/h erreicht worden, und Geschwindigkeiten bis zu 175 km/h werden seit mehreren Jahren im planmäßigen Betriebe der Reichsbahn gefahren, ohne daß Unzuträglichkeiten irgendwelcher Art sich dabei herausgestellt hätten.

Mit der Entwicklung der Stromlinien-Lokomotive war die Lösung einer ganzen Anzahl von Einzelproblemen verknüpft, die zum Teil völliges Neuland darstellten. Geschwindigkeiten von 150 km/h und darüber waren im Dauerbetrieb zuvor nicht gefahren worden, und über die Erreichbarkeit derartiger Geschwindigkeiten mit einer einigermaßen nennenswerten Anhängelast, über das Verhalten der Lokomotive und Wagen, die Bremsmöglichkeiten und die Wirtschaftlichkeit lagen keinerlei Erfahrungen vor. Auch war aerodynamisch beim schienengebundenen Fahrzeug mit ganz anderen Verhältnissen zu rechnen als beim vollständig von der Luft umspülten Luftfahrzeug, von dem allein Erfahrungen und Versuchsergebnisse vorlagen. Über die Wirksamkeit der Stromlinienform konnte man sich daher ein zuverlässiges Bild zunächst nicht machen, zumal die Grundlagen einer rechnerischen Erfassung für die neuartigen Verhältnisse nur teilweise zutrafen. Schließlich mußten auch die betrieblichen Belange hinsichtlich der Zugänglichkeit aller Teile gewahrt werden.

Es ist hiernach nicht verwunderlich, daß die Entwicklung eine nur schrittweise gewesen ist und eine Anzahl von Jahren erfordert hat. Sie ist heute zu einem befriedigenden und erkenntnisreichen Abschluß gelangt und hat volle Klarheit über alle Probleme gebracht, wie die folgende kurze Zusammenstellung der schon durch Einzelberichte bekanntgewordenen Entwicklung und ihrer Ergebnisse darlegt.

Der Wunsch nach einer schnellfahrenden Dampflokomotive entstand bei der Deutschen Reichsbahn im Jahre 1932. Ursprünglich dachte man nur an eine Versuchs-Lokomotive zum Ausprobieren von Schnellzugwagen bei höheren Fahrgeschwindigkeiten, stellte später aber auch die Forderung, daß die Lokomotive für den fahrplanmäßigen Schnellzugbetrieb bei möglichst hohen Fahrgeschwindigkeiten verwendbar sein sollte. Man dachte hierbei an Höchstgeschwindigkeiten von etwa 150 km/h, die man auch bei dem schon 1931/32 gebauten »Fliegenden« Schnell-Triebwagen erreicht hatte.

Die von der Reichsbahn angeforderten Entwürfe der Lokomotiv-Industrie ließen eine einheitliche Auffassung über die zweckmäßigste Ausführungsart, besonders hinsichtlich der äußeren Formgebung der Lokomotive, nicht erkennen. Mit der konstruktiven Entwicklung und dem Bau von zwei Stück der neuen Lokomotivtype wurden schließlich auf Grund der von ihnen geleisteten Vorarbeiten die Borsig-Lokomotiv-Werke beauftragt. Die von der genannten Firma vertretene Forderung möglichst vollkommener Stromlinienformen – der, wie gesagt, damals auch andere Auffassungen gegenüberstanden – hat sich später als richtig erwiesen.

Für die zunächst mehr wissenschaftliche Ergründung luftwiderstandsgünstigerer Bauformen bestand die Möglichkeit von Modellversuchen im Windkanal. Obwohl sich die tatsächlichen Betriebsverhältnisse von Schienenfahrzeugen hierbei nicht genau nachahmen lassen, hatte Borsig aus eigenem Antriebe an der Technischen Hochschule Berlin derartige Versuche im Windkanal vorgenommen, die überraschend günstige Ergebnisse zeigten. Sie wurden dann Anfang 1933 ergänzt durch weitere Versuche der Reichsbahn im Göttinger Windkanal, der einen größeren Modellmaßstab erlaubte und so eine noch größere Genauigkeit der Ergebnisse erwarten ließ. Sie bestätigten die Richtigkeit der Borsig-Versuche und führten zur Festlegung der endgültigen Verkleidungsform, wie sie zur Ausführung gelangt und später auch beibehalten worden ist.

Die betriebliche Eignung der vollständigen, unter Umständen auch das Triebwerk der Lokomotive verdekkenden Verkleidung, die die weitestgehende Erfassung des erzielbaren Gesamtgewinnes versprach, konnte natürlich nicht im Windkanal festgestellt werden. Es wurde daher an einer Lokomotive ein Zwischenversuch gemacht, um festzustellen, ob die sogenannten Triebwerksschürzen, die den bei schneller Fahrt erzeugten Fahrwind vom Triebwerk der Lokomotive fernhalten, nicht vielleicht die Ursache zu erhöhten Lagertemperaturen und Heißläufern sein können. Man wählte hierzu eine der schnellsten vorhandenen Dampflokomotiven, und zwar die 2C1-Lokomotive Baureihe 03, die Bild 1 in ihrem normalen, unverkleideten Zustand darstellt, und gab ihr eine Triebwerksverkleidung, die durch Rollvorhänge und Klappen das Triebwerk zugänglich machte (Bild 2). Gleichzeitig erhielt die Lokomotive 03154 eine parabolische Rauchkammertür und ein windschnittiges Führerhaus, um auch den bereits im Windkanal erprobten Einfluß dieser Maßnahme praktisch beobachten zu können.

Das Ergebnis der Versuchsfahrten mit dieser Lokomotive, bei der Geschwindigkeiten von 150 km/h erreicht wurden, war einmal die Feststellung, daß die Triebwerksschürzen eine nur mäßige und ungefährliche Erhöhung der Lagertemperaturen herbeiführten; zum andern wurde ein beachtlicher Gewinn an Zughakenleistung gemessen, der zum weitaus größten Teil als Strömungsgewinn in der schon etwas widerstandsgünstigeren Außenform der Lokomotive und zum kleineren Teil als thermischer Gewinn in den geringeren Abkühlungsverlusten der durch die Ver-

Bild 1: Lokomotive der Regelbauart 03. Maschine 03282 von Borsig, 1937.

Bild 2: Versuchs-Lokomotive 03 154 von Borsig, 1934.

Bild 3: Lokomotive 03 154 in ihrem späteren Betriebszustand.

Bild 4: Stromlinien-Lokomotive Baureihe 05 von Borsig, 1935.

Bild 5: Stromlinien-Lokomotive 03 193 von Borsig, 1935.

kleidung besonders gut isolierten Dampfzylinder seine Ursache hatte. Nachdem die Lokomotive den Versuchszweck erfüllt hatte, erhielt sie unter teilweiser Beibehaltung der vorgenommenen Änderungen das gefälligere Aussehen nach Bild 3.

Die konstruktive Entwicklung und der Bau der großen Stromlinien-Lokomotiven konnte nunmehr ohne die Sorge, Heißläufer zu erhalten, weitergeführt werden. Die bauliche Durcharbeitung und Berechnung der Lokomotive, die einen Treibraddurchmesser von 2300 mm erhielt und zur Gewährleistung eines ruhigen Laufes als Dreizylinder-Maschine entwickelt wurde, erfolgte nunmehr nicht für die ursprünglich beabsichtigten 150-, sondern bereits für 175-km/h-Höchstgeschwindigkeit. Die Lokomotive, die die Bezeichnung 05 erhielt, ist in Bild 4 dargestellt. Eine der beiden gleichzeitig gebauten Maschinen wurde im Jahre 1935 auf der Jahrhundertausstellung der Deutschen Reichsbahn in Nürnberg unter Dampf vorgeführt.

Am 11. Mai 1936 gelang es, auf einer Rekordfahrt mit der Lokomotive 05 002 auf der Strecke Hamburg–Berlin mit einem Zug von rund 200 t Gewicht die bis dahin mit einer Dampflokomotive noch nie erreichte Geschwindigkeit von 200,4 km/h zu erzielen. Die in die Lokomotive gesetzten Erwartungen waren hiermit weit übertroffen worden. Die Laufruhe war in dem gesamten Geschwindigkeitsbereich hervorragend gut; Kessel- und Maschinenleistung waren völlig ausreichend und die Verbrauchszahlen günstig. Der genannten Höchstgeschwindigkeit entspricht eine sekundliche Drehzahl von etwa 7,7 der Lokomotiv-Treibräder und von etwa 18,7 der Wagenräder sowie ein in jeder Sekunde zurückgelegte Weg von rund 56 m; die Kolbengeschwindigkeit wechselte hierbei in jeder Sekunde 15mal zwischen 0 und dem Größtwert von 16 m/sec. Das Bild von Seite 62 zeigt die Lokomotive vor der Ausfahrt aus dem Hamburger Hauptbahnhof.

Noch bevor die 05-Lokomotive zur Ablieferung gelangte, entschloß sich die Deutsche Reichsbahn, auch eine der damals in Serienherstellung begriffenen 03-Lokomotiven, die 2000 mm Treibraddurchmesser aufweisen, mit einer zusätzlichen ähnlichen Stromlinien-Verkleidung auszurüsten, insbesondere, da eine solche Maschine vorzügliche Vergleichsmöglichkeiten mit der vorhandenen unverkleideten Ausführung bot, die für die 05-Lokomotive nicht gegeben waren. Diese Lokomotive mit der Nummer 03 193 (Bild 5) wurde gleichfalls von Borsig gebaut und im Jahre 1935 abgeliefert. Sie ist in gleicher Weise wie die 05-Lokomotive auf der Strecke Berlin–Hamburg in Betrieb.

Die Versuchsergebnisse mit den 03- und 05-Lokomotiven sind außerordentlich interessant und lehrreich. Bild 6 zeigt den Einfluß der Stromlinienverkleidung der Lokomotive 03 193 gegenüber der völlig unverkleideten, im übrigen aber genau gleichen Lokomotive 03 der Regelbauart. Die Kurven I und II geben die am Zughaken gemessene Leistung jeder Lokomotive, Kurve III den Unterschied zwischen beiden Kurven an: Er stellt den durch die Stromlinienverkleidung erzielten Gewinn bzw. die am Zughaken verfügbare Mehrleistung dar. Die Kurven sind bis 140 km/h durch die bei den Versuchsfahrten gewonnenen Meßpunkte belegt, darüber hinaus sind sie bis 160 km/h extrapoliert. Man sieht, daß die Stromlinienverkleidung bereits

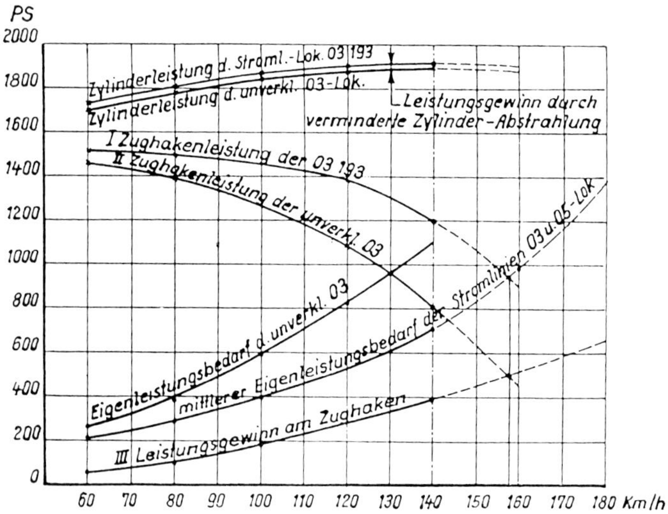

Bild 6: Einfluß der Stromlinienverkleidung auf die Lokomotiveleistung. Werkzeichnung von Borsig.

bei etwa 120 km/h einen beachtlichen Gewinn von 290 PS bringt. Bei 140 km/h beträgt er 385 PS. Das sind im Verhältnis zu der am Zughaken der unverkleideten Lokomotive überhaupt verfügbaren PS-Leistung 27 bzw. 48,2 Prozent mehr. Bei knapp 160 km/h würden mit 480 PS sogar 100 Prozent, d.h. eine Verdoppelung der Zughakenleistung der unverkleideten Lokomotive, erreicht werden.

Das vorgenannte Ergebnis ist ganz erstaunlich. Es zeigt eindeutig den außerordentlichen Einfluß der Stromlinienverkleidung auf die Leistung und läßt klar erkennen, daß zur Erzielung eines günstigen Gesamtwirkungsgrades bei schnellfahrenden Lokomotiven auf eine solche Verkleidung keinesfalls verzichtet werden kann. Der Leistungsgewinn ist durch das verhältnismäßig einfache Mittel einer Blechverkleidung erreicht worden, die kaum Unterhaltungskosten erfordert und deren Herstellungskosten durch den Leistungsgewinn mehrfach aufgewogen werden. Er stellt die bisher in jahrzehntlanger Entwicklungsarbeit erreichten Einsparungen an Wärmeaufwand durch Anwendung höherer Dampfdrücke und Dampftemperaturen sowie der Speisewasservorwärmung in den Schatten. Wenn die erzielten Erfolge auch nur bei einem Teil aller im Eisenbahnbetrieb vorhandenen Lokomotivtypen, nämlich den schnellfahrenden, zur Auswirkung gelangen, so sind sie doch von einer ganz außergewöhnlichen Bedeutung auch insofern, als sie das Fahren mit sehr hohen Geschwindigkeiten praktisch überhaupt erst ermöglichen.

Von der 05-Lokomotive liegen gleichfalls umfassende Versuchsergebnisse vor. Vergleichsversuche mit einer gleich starken, unverkleideten Lokomotive konnten allerdings nicht durchgeführt werden, da, wie bereits gesagt, eine solche Maschine nicht besteht. Sie hätten den höchsten Geschwindigkeitsbereich auch nicht mit erfassen können, da die verfügbare Leistung bei der unverkleideten Lokomotive kaum mehr ausgereicht hätte, auch nur den Eigenkraftverbrauch der Lokomotive zu bestreiten, geschweige denn eine nennenswerte Leistung am Zughaken auszuüben. Die Versuchsergebnisse mit der 05-Lokomotive sind aber deshalb besonders interessant, als sie bis zu einer Geschwindigkeit von 180 km/h zuverlässig festgestellt werden konnten. Die Zylinderleistungskurve in Abhängigkeit von der Fahrgeschwindigkeit zeigt bei dieser hohen Geschwindigkeit, der eine sekundliche Treibraddrehzahl von 7 entspricht, an der sogenannten Kesselleistungsgrenze von 57 kg/m²/h noch keine Tendenz zum Abfallen: Übermäßige Drosselungen der Dampfwege in den Dampfleitungen und den Kolbenschiebern, wie sie sonst bei hohen Drehzahlen häufig auftreten, sind also nicht vorhanden. Bei vorübergehenden Belastungssteigerungen konnten Größtleistungen von mehr als 3400 PSi festgestellt werden. Der mechanische Wirkungsgrad der 05-Lokomotive betrug bei 180 km/h noch etwa 42 Prozent an der Kesselleistungsgrenze und bis zu 55 Prozent bei vorübergehender Belastungssteigerung. Eine normale, unverkleidete Lokomotive würde, wie man nach Bild 6 leicht abschätzen kann, in diesem Geschwindigkeitsgebiet auf einen mechanischen Wirkungsgrad von Null abgesunken sein, d.h., am Zughaken wäre eine effektive Zugkraft überhaupt nicht mehr verfügbar.

Vergleicht man die Versuchsergebnisse der 05 mit der Lokomotive 03193, so ergibt sich die gleichfalls recht interessante Feststellung, daß der Eigenkraftbedarf beider Maschinen nahezu gleich ist. Infolgedesse ist auch der Unterschied des Eigenkraftbedarfes beider Maschinen gegenüber der unverkleideten 03, der den Leistungsgewinn darstellt, annähernd gleich. Dies ist eine praktische Bestätigung dafür, daß der durch die luftwiderstandsgünstige Verkleidung erzielte Leistungsgewinn ganz allein der äußeren Form zu verdanken ist. Die installierte Leistung der Lokomotive, die bei der 05 um rund 25 Prozent größer ist als bei der 03, hat also keinen nennenswerten Einfluß auf den Stromliniengewinn. Man darf also bei der Entwicklung und Berechnung von Stromlinien-Lokomotiven den Stromliniengewinn nicht ohne weiteres im Verhältnis zur Lokomotivleistung einsetzen, sondern kann unter der Voraussetzung gleicher äußerer Bauformen mit etwa gleichen absoluten Werten rechnen, gleichgültig, ob die Gesamtleistung der Lokomotive etwas größer oder kleiner ist.

Bild 7: Stromlinien-Lokomotive 61002 von Henschel, 1939.

Bild 8: Stromlinien-Lokomotive Baureihe 06 von Krupp, 1939.

Die im praktischen Betriebe erzielbaren Gewinne bzw. Ersparnisse sind natürlich davon abhängig, wie lange Zeit die jeweilig zugelassene Höchstgeschwindigkeit auf der betreffenden Strecke aufrecht erhalten werden darf, und wie oft der niedrigere Geschwindigkeitsbereich beim wiederholten Anfahren und Unterwegsbeschleunigen durchfahren werden muß. Bei kürzeren Strecken spielen insbesondere die Geschwindigkeitsbeschränkungen im Vorortbereich der Großstädte eine wichtige Rolle. Es ist eine bekannte Tatsache, daß die Reisegeschwindigkeit von Zügen, auf die Gesamtstrecke bezogen, erheblich niedriger ist als die erreichte Höchstgeschwindigkeit. Die mittlere Geschwindigkeit der 05-Lokomotive mit einem 240-t-Zug auf der Strecke Charlottenburg–Hamburg betrug beispielsweise bei 180 km/h Hochstgeschwindigkeit unter Dampf 128,8 km/h, auf der ganzen Strecke 123,7 km/h. Nach dem Sommerfahrplan 1939 der Deutschen Reichsbahn erreichten insgesamt nur 5 Züge eine Reisegeschwindigkeit von mehr als 120 km/h, während nicht weniger als 52 Züge eine mittlere Fahrgeschwindigkeit von 100 km/h und mehr zwischen zwei aufeinanderfolgenden Halten erzielten.

Trotzdem sind durch die Stromlinienverkleidung erzielten Ersparnisse von außerordentlichem Umfang. So verbrauchte beispielsweise die Stromlinien-Lokomotive 03193 im Durchschnitt eines einjährigen Betriebes, auf Lokomotiv-Kilometer bezogen, 15,2 Prozent Kohle weniger als eine gleiche unverkleidete 03-Lokomotive, die im gleichen Dienstplan fuhr. Die Höchstgeschwindigkeit der beiden Lokomotiven war hierbei auf 140 km/h beschränkt, die mittlere Reisegeschwindigkeit betrug etwa 115 km/h. Entsprechend dem Kohleverbrauch ist auch der Wasserverbrauch geringer, so daß bei gleichen Vorräten eine Vergrößerung der Reichweite möglich ist, die unter Umständen eine Abkürzung oder das Vermeiden eines Unterwegshaltes gestattet.

Während bei den vorgenannten Stromlinien-Lokomotiven die Verwendung des vorhandenen Wagenparkes, also normaler D-Wagen, aus wirtschaftlichen und betrieblichen Gründen vorausgesetzt worden war, tauchte auch bald der Wunsch auf, zu versuchen, die mit den dieselelektrischen Schnelltriebwagen erzielten Leistungen auch mit einem entsprechend leicht gebauten Dampfzug zu erreichen, wenn auch unter Verzicht auf die Selbständigkeit jedes einzelnen Fahrzeuges. Im Jahre 1935 gelangte ein solcher Zug, bestehend aus einer 2C2-Zwillings-Tender-Lokomotive mit vier Leichtwagen im Gesamtgewicht von etwa 125 t, durch Henschel & Sohn in Verbindung mit der Wagenbauanstalt Wegmann & Co. zur Ausführung. Die planmäßige Höchstgeschwindigkeit der Lokomotive beträgt 175 km/h; der Treibraddurchmesser ist 2300 mm, wie bei den 05-Lokomotiven. Zu dieser Maschine, die die Baureihenbezeichnung 61 erhielt und auf der Strecke Berlin–Dresden verkehrt, ist kürzlich eine als 2C3-Drillings-Tender-Lokomotive ausgebildete Schwestermaschine geliefert worden (Bild 7).

Das Bedürfnis, schneller zu fahren, blieb nicht allein auf die leichten Züge beschränkt, wie sie von Lokomotiven mit drei gekuppelten Achsen auch nur gefahren werden können, sondern stellte sich bald auch für schwerere Züge ein. So entstand eine weitere Stromlinien-Lokomotive mit vier gekuppelten Achsen, und zwar eine 2D2-Lokomotive der Baureihe 06, die Anfang 1939 von der Firma Krupp fertiggestellt wurde (Bild 8). Sie ist zur Beförderung

Bild 9: Stromlinien-Lokomotive Baureihe 01^{10} von Schwartzkopff, 1939. Reproduktion einer Zeitschriften-Anzeige.

schwerer Schnellzüge von 650 t in hügeligem Gelände bestimmt und hat eine Höchstgeschwindigkeit von 140 km/h. Das Triebwerk ist, wie dies bei allen derartigen Maschinen zweckmäßig ist, als Drillingstriebwerk ausgebildet. Die Stromlinienform sowie die konstruktive Durchbildung von Lokomotive und Tender lehnen sich eng an die zuvor gebauten Stromlinien-Lokomotiven, insbesondere die 05-Lokomotive, an; die Verkleidung läßt jedoch das Triebwerk und das hintere Drehgestell frei. Als Kessel fand der Einheitskessel der Baureihe 45 (1E1-Güterzug-Lokomotive) Verwendung.

Nachdem die Notwendigkeit der Stromlinienverkleidung für hohe Fahrgeschwindigkeiten durch Versuchs- und Meßfahrten und praktische Erfahrungen mit verschiedenen Lokomotiv-Gattungen einwandfrei festgestellt worden war und ein mehrjähriger planmäßiger Betrieb die Wirtschaftlichkeit und Sicherheit eines solchen Schnellbetriebes erwiesen hatte, konnte an die Beschaffung größerer Mengen derartiger Maschinen gegangen werden. Es wurden daher im Rahmen des umfangreichen Neubeschaffungsprogramms der Deutschen Reichsbahn unter anderem auch große Stückzahlen von Stromlinien-Lokomotiven in Auftrag gegeben. Da die mit den 05-Lokomotiven erreichte Spitzengeschwindigkeit bis zu 200 km/h über das ursprünglich gewünschte und für die meisten Schnellzugstrecken praktisch auch nur erforderliche Maß weit hinausging, wurden für die Großbeschaffung die 2C1-Lokomotiven der Baureihe 01 und 03 als Stromlinien-Lokomotiven mit Drillingstriebwerk (die normalen Lokomotiven dieser Gattung sind Zwillings-Lokomotiven) gewählt, die als solche mit 2000 mm Treibraddurchmesser Geschwindigkeiten von 150 km/h leicht zu erreichen in der Lage sind. Die ersten Lokomotiven dieser Baureihen sind bereits fertiggestellt, und zwar die 01^{10} von Schwartzkopff und die 03^{10} von Borsig (Bild 9–10).

Es bedarf kaum besonderer Erwähnung, daß bei allen schnellfahrenden Lokomotiven die Ausbildung der Bremse größte Sorgfalt erfordert. Die Erkenntnis, daß der Reibungswert zwischen Bremsklotz und Rad bei höheren Geschwindigkeiten stark abfällt, so daß in diesem Bereich stärker abgebremst werden kann, ohne Gefahr zu laufen, die Räder festzubremsen, führte bei der 05-Lokomotive erstmalig und dann auch bei der 61 und 06 zur Anwendung eines Fliehkraftreglers, der den Bremsdruck der Luftdruckbremse mit abnehmender Geschwindigkeit von 6,5 auf 2,7 atü herabregelt. Um gleichzeitig spezifisch hohe Klotzdrücke zu vermeiden, wählte man Bremsklötze mit 600 mm Länge und besonderen zweifach unterteilten Sohlen. Ferner wurden die gekuppelten Räder, die Tenderräder und, soweit zulässig, auch die Drehgestellräder der Lokomotive beiderseitig gebremst. Die maximale Bremskraft bei höchster Geschwindigkeit beträgt bei den gekuppelten Achsen und den nachlaufenden sowie Tenderachsen bis zu 200 Prozent des Achsdruckes. Für die längeren Bremswege wurden die Vorsignalabstände von 750 auf 1000 und zum Teil auf 1200 m vergrößert. Zur Gewährleistung denkbar größter Betriebssicherheit erhalten im übrigen die schnellfahrenden Lokomotiven noch eine induktive Zugbeeinflussung, die das Überfahren von Haltesignalen automatisch verhindert, indem sie bei mangelnder Wachsamkeit des Führers die Bremse zur Auslösung bringt.

Bild 10: Anzeige von Borsig aus »Glasers Annalen« vom 1. Juni 1940. Das Bild zeigt oben die Baureihe 05, in der Mitte die Stromlinien-Lokomotive der Baureihe 03^{10} mit vollständiger Triebwerksverkleidung, unten die Baureihe 03^{10} mit freiem Triebwerk. Beide Varianten der Reihe 03^{10} wurden 1940 von Borsig gebaut.

Stromlinie, Kunst und Karikatur

Von dem Verhältnis zwischen Lokomotivbauern und Triebwagenleuten bei der Deutschen Reichsbahn berichtet das 1935 entstandene Spottbild von Friedrich Mölbert: Jeder wollte den Wettlauf um das größte Tempo gewinnen. Aber auch der »Schienenzeppelin« war um diese Zeit so populär, daß ihn ein unbekannter Hersteller von Glückwunschkarten zum eigentümlichen Neujahrsmotiv machen konnte. Beide Scherzbilder sind künstlerisch wohl bedeutungslos, während die leichten Aquarelle des Grafischen Ateliers Schneider von 1936 (rechts) erheblich mehr Übung und Aufwand verraten. Diese Werbeschrift wurde von der Reichsbahnzentrale für den Deutschen Reiseverkehr anläßlich der Olympischen Spiele herausgegeben, sie zeigt die Popularität der Stromlinienform deutlich.

DEUTSCHE EISENBAHNEN
SCHNEIDER
sicher-schnell-bequem

HENSCHEL
25000
LOKOMOTIVEN

Dynamik der Stromlinie

Noch leichter als für den Fotografen war es für den Zeichner der Vorkriegszeit, mit der Stromlinie die Begriffe »Tempo« und »Kraft« auszudrücken: Wehender Dampf beschleunigte die Dampflokreihe 61 in der Henschel-Reklame von 1940 (links) ebenso wie die Stromlinienlok der Baureihe 05 auf dem Umschlag zum Programmheft »Immer voran« vom September 1938. Mit diesem recht kitschigen Festspiel feierte man in der Berliner Deutschlandhalle das Jubiläum »100 Jahre Eisenbahn Berlin–Potsdam«.

»Die Reichsbahn, der fortschrittliche Betrieb«

Die folgenden Kapitel werden zeigen, wie groß die propagandistische Bedeutung von nur vier vorhandenen Stromlinien-Lokomotiven für die Eisenbahn zwischen 1935 und 1939 gewesen ist. Die Baureihe 05 prangte auf Postkarten und Plakaten der Deutschen Reichsbahn (Bilder rechts), wurde aber auch vom Lieferwerk Borsig immer wieder für Reklamen und Kataloge bemüht. Das farbige Bild unten schuf L. Achtenhagen für das 1937 erschiene Buch »100 Jahre Borsig-Lokomotivbau« in sehr expressivem Stil.

WÜRBEL
Die REICHSBAHN,
der
fortschrittliche Betrieb.

100 JAHRE
DEUTSCHE EISENBAHNEN
AUSSTELLUNG NÜRNBERG 1935
14. JULI - ANFANG SEPTEMBER

05 001

Erstes Kapitel Die Weltrekord-Lokomotiven der Baureihe 05

Zunächst war sie von der Lokomotivindustrie als ein Forschungsprojekt, auch zur Erprobung von Schnellzugwagen, der Reichsbahn vorgeschlagen. Doch schon bald wurde aus den Plänen zur Stromlinien-Schnellfahrlok der Baureihe 05 eines der ambitioniertesten Vorhaben der Verwaltung, galt es doch nun, mit dem alles überflügelnden Dieseltriebwagen wieder Schritt zu halten. Auf der anderen Seite ermöglichten es aber die wegen des »Fliegenden Hamburgers« verlängerten Abstände zwischen Vor- und Hauptsignalen auf der Strecke zwischen der Reichshauptstadt und der Hansestadt an der Elbe überhaupt erst, auf Anhieb auch eine für Schnellfahrten der Dampfloks geeignete Trasse zur Verfügung zu stellen. 1933 wurden also auf Anweisung der Hauptverwaltung durch die Reichsbahn-Zentralämter für Maschinenbau und für Einkauf die beiden Loks bei Borsig bestellt; zugleich als »Ersatzlok« die Lokomotive 03 193. Für den Entwurf zeichnete, jedenfalls nach außen hin, der Technische Direktor Max Widdecke verantwortlich, während intern die Konstruktion selbst von Adolf Wolff geleitet wurde. Der Bau der beiden Lokomotiven mit den Fabriknummern 14552 und 14553 wurde noch in den Tegeler Werkstätten ausgeführt, obwohl große Teile der Lokomotivabteilung von Borsig damals bereits nach Hennigsdorf verlegt waren. Als Farbton für den Anstrich wurde erstmals ein werbendes Rot, im unteren Teil um eine Schattierung dunkler als am Kessel, vorgesehen. Als Daten für den Schlußanstrich, auf der wenige Tage später jeweils die Übergabe an die Reichsbahn folgte, sind bei 05 001 der 5. März 1935 und bei der 05 002 der 24. April 1935 eingetragen. Die endgültigen Abnahmen durch das für die Erhaltung zuständige Reichsbahn-Ausbesserungswerk Braunschweig folgten am 13. Juni 1935 und am 30. September 1935. Laut Vertrag mit dem Lieferwerk waren als Stückpreis damals 265 200 Reichsmark fällig. Sodann war ihre Überweisung zum Betriebswerk Altona vorgesehen, doch forderten zunächst noch die Nürnberger Jubiläumsausstellung sowie Meß- und Propagandafahrten ihren Tribut. Unvergessen ist die Fahrt vom 11. Mai 1936, als die Maschine 05 002 eine Geschwindigkeit von 200,4 km/h erreichte: Das war ein Weltrekord! Die folgenden Abbildungen können nur einen Ausschnitt aus dem bewegten Lebenslauf dieser Lokomotiven wiedergeben. Links die Lok 05 001 im Borsig-Werk Tegel, Anfang 1935.

Schnellfahrlokomotive Reihe 05

Ein historischer Text
Von Richard Paul Wagner

Als 1935 auf der Jubiläumsausstellung in Nürnberg die wichtigsten Fahrzeuge der Deutschen Reichsbahn präsentiert wurden, beschrieb der Dezernent für die Bauart der Dampf- und Öllokomotiven im Reichsbahn-Zentralamt Berlin, Dr.-Ing. E. h. Wagner, im »Organ für die Fortschritte des Eisenbahnwesens« vom 1. August 1935 (Seite 271) auch die Borsig-Stromlinienlok. Daraus folgt ein Auszug.

Die auf der Ausstellung gezeigten Dampflokomotiven beweisen, daß die manchmal vertretene Meinung, die

Dampflokomotive sei nicht mehr entwicklungsfähig und anpassungsfähig, unzutreffend ist. Im Gegensatz dazu sind vollkommen neue Entwicklungstypen und Spitzenkonstruktionen zu sehen. Ob diese wirklich nur ein letzter Versuch sind, ihr Dasein zu behaupten und nur ein Schrittmacher für den Triebwagen, wird der Freund der Dampflokomotive der Geschichte überlassen können.

Die Lokomotive ist für Fahrgeschwindigkeiten von 175 bis 180 km/h gebaut und hat bisher auf einer Versuchsfahrt, wo sie volle Leistung zeigen durfte, vor einem Zug von 197 t eine Geschwindigkeit von 191,7 km/h entwickelt.

Beim Entwurf der neuen Gattung wurde an deutscher Steinkohle als Heizstoff und an der Rostfeuerung festgehalten, da die verwendete Rostgröße eben noch die Bedienung durch einen Heizer gestattet. Die äußere Umhüllung der Lokomotive hat ihre Stromlinienform, soweit das Schienenfahrzeug sich überhaupt der Stromlinie anzupassen vermag, erhalten auf Grund sorgfältiger Versuche mit Modellen im Windkanal und mit verkleideten Einheitslokomotiven. Die Lokomotive ist eine 2C2-Lokomotive, gekuppelt mit einem fünfachsigen Tender, der vorn ein Drehgestell mit Einpunktstützung und hinten drei im Hauptrahmen gelagerte Achsen hat. Die Lokomotive hat vorn ein Drehgestell mit Innenrahmen und doppelter Abfederung und hinten ein Drehgestell mit Außenrahmen und ebenfalls doppelter Abfederung. Durch die Anordnung des Außenrahmens am hinteren Ende wird seitliches Neigen der Lokomotive wirkungsvoll gedämpft. Während der bisherigen Versuchsfahrten ist der ruhige Lauf der Lokomotive und ihr geringes seitliches Neigen auf der Fahrt mit höchster Geschwindigkeit durch Krümmungen besonders bemerkenswert und deutet auf eine sehr hohe Standsicherheit hin. Die Treibräder haben 2300 mm Durchmesser erhalten, um die Drehzahl nur mäßig gegen die bisherige zu erhöhen; sämtliche Laufräder, auch die des Tenders, haben 1100 mm Durchmesser. Von den 05-Lokomotiven, die bisher in zwei Stück gebaut sind, ist die ausgestellte 05001 an allen Laufachsen mit Rollenlagern der Bauart Kugelfischer ausgerüstet, während die andere zum besseren Vergleich und für den Fall des Mißerfolges Gleitlager erhalten hat.

Der Kesseldruck wurde nach dem Vorgang der kleinen Versuchslokomotive Reihe 71 erstmals auf 20 atü gebracht. Bis auf weiteres werden alle Kessel neuer Einheitslokomotivgattungen für diesen Dampfdruck entworfen. Der Kessel besteht aus einem mäßig legierten Molybdänstahl mittlerer Festigkeit, die Feuerbüchse und die Stehbolzen sind noch aus Kupfer gefertigt. Der Kessel hat Heiz- und Rauchrohre von 7 m Länge erhalten, die einen ebensoguten Kesselwirkungsgrad wie bei den übrigen mit langen Kesseln ausgerüsteten Einheitslokomotiven gewährleisten. Der Überhitzer entspricht der Bauart Reichsbahn-Zentralamt. Wegen der geringen über dem Kessel zur Verfügung stehenden Bauhöhe mußten die Domunterteile aus einem hochwertigen Stahlguß gefertigt und von innen in den Kessel eingenietet werden. Die übrigen Kesselaufbauten wurden unter die Stromlinienverkleidung gelegt und durch Klappen zugänglich gemacht. Die Kesselausrüstung entspricht im übrigen den Einheitslokomotiven.

Der Rahmen ist ein leicht gehaltener Barrenrahmen. Wegen der Aufteilung der Kolbenkräfte auf drei Zylinder konnte er trotz der Größe der Lokomotive noch mit 90 mm Dicke ausgeführt werden. Alle drei Zylinder liegen waagerecht über der Drehgestellmitte, die beiden äußeren treiben die mittlere gekuppelte Achse, der innere die erste gekuppelte Achse an. Der Treibstangenlänge wegen ist er um 125 mm nach vorn verschoben.

Um den Dampfdurchlaß durch die Zylinder möglichst zwanglos zu gestalten, wurde für den kleinen Zylinderdurchmesser von 450 mm ein Schieberdurchmesser von 300 mm gewählt; außerdem wurde die Heusinger-Steuerung so weit geändert, daß sie ein sehr frühes und großes Voreröffnen und starkes Überschneiden der Kanäle, also große Kanalöffnungen über dem Wege, ergibt. Jeder Zylinder hat einen getrennten Steuerungsantrieb, beim Innenzylinder ist er von der um die Größe der Exzentrizität gekröpften Achswelle der zweiten gekuppelten Achse abgeleitet.

Die Lokomotive ist mit allen Achsen durch die Einkammerdruckluftbremse Knorr gebremst, und zwar die führende Achse des vorderen Drehgestells durch einen Klotz mit 50 Prozent des Achsdrucks, seine zweite Achse mit 80 Prozent, alle übrigen Achsen durch zwei Bremsklötze mit 180 Prozent des Achsdruckes. Die Lokomotive hat erstmals einen Bremsdruck-Fliehkraftregler erhalten, der von einer Achse abgeleitet und von 60 km/h aufwärts wirksam ist. Der Tender hat außerdem selbsttätige Bremsdruckregelung abhängig von der Last der Vorräte erhalten. Die Lokomotive hat ferner eine Einrichtung für induktive Zugbeeinflussung die bei der hohen Geschwindigkeit besonders geboten erscheint.

Der Tender ist in die Stromlinienverkleidung der Lokomotive einbezogen. Zu diesem Zweck ist das Führerhaus völlig geschlossen und durch einen mit Klappen beweglichen Seitenwandteil abgedeckt. Die Verkleidung der Lokomotive oberhalb des Umlaufs erlaubt mit Hilfe verschließbarer Klappen den Zugang zu den darunter liegenden Teilen, unterhalb des Umlaufs wird das Triebwerk in der Hauptsache durch Rollklappen zugänglich gemacht. Auf dem Tender ist die Kohleneinfüllöffnung durch zwei auf Rollen laufende, fernrohrartig zurückschiebbare Deckel verschlossen. Da bei dem völlig geschlossenen Kohlenraum das Hervorholen der Kohle für den Heizer unmöglich ist, wurde der Tender erstmals unter loser Anlehnung an ein amerikanisches Vorbild mit einer durch zwei Druckluftzylinder angetriebenen Kohlenvorschubvorrichtung versehen.

Hauptabmessungen der Baureihe 05

Größte Geschwindigkeit	175 km/h
Zylinderdurchmesser	3 × 450 mm
Kolbenhub	660 mm
Treibraddurchmesser	2300 mm
Laufraddurchmesser	1100 mm
Gesamtachsstand	13 900 mm
Fester Achsstand	5100 mm
Dienstgewicht	126,7 t
Reibungsgewicht	56,3 t
Achsdruck	18,8 t
Kesseldruck	20 kg/cm²
Rostfläche	4,7 m²
Heizfläche	256,0 m²
Überhitzerheizfläche	90 m²
Rohrlänge	7,0 m
Tender: Wasservorrat	37 m³
Kohlenvorrat	10 t

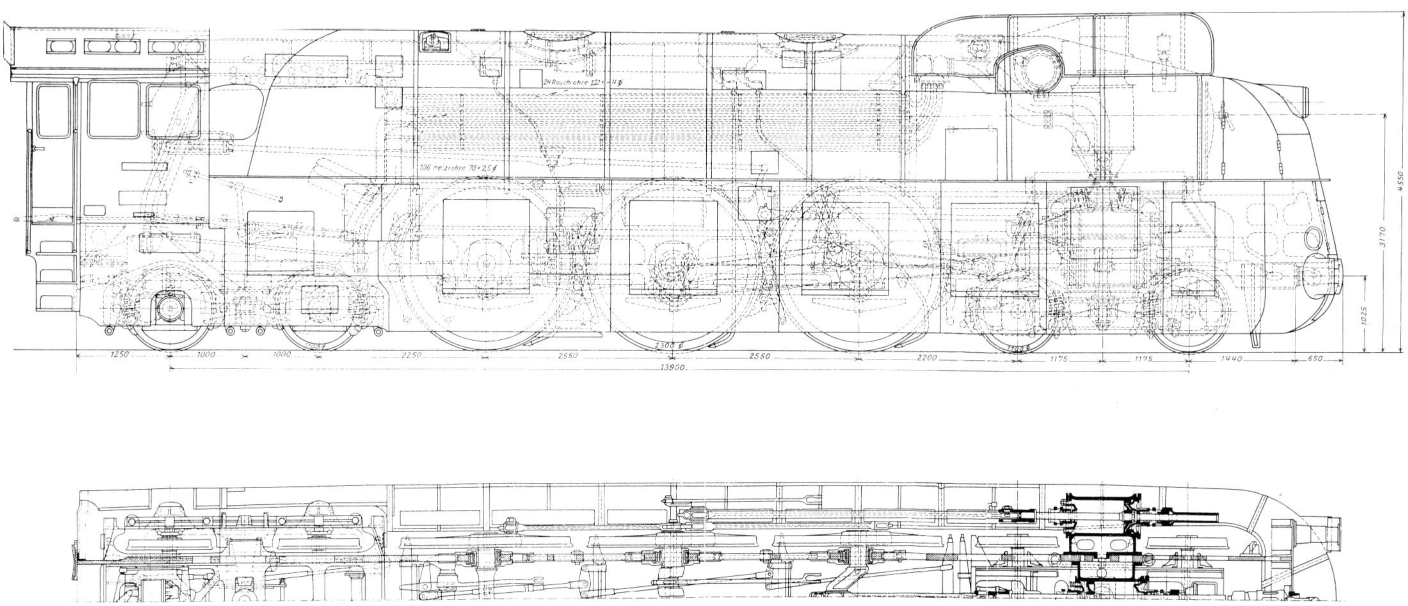

Übersicht der Lokomotiven 05 001 und 002 aus dem »Organ für die Fortschritte des Eisenbahnwesens« von 1936.

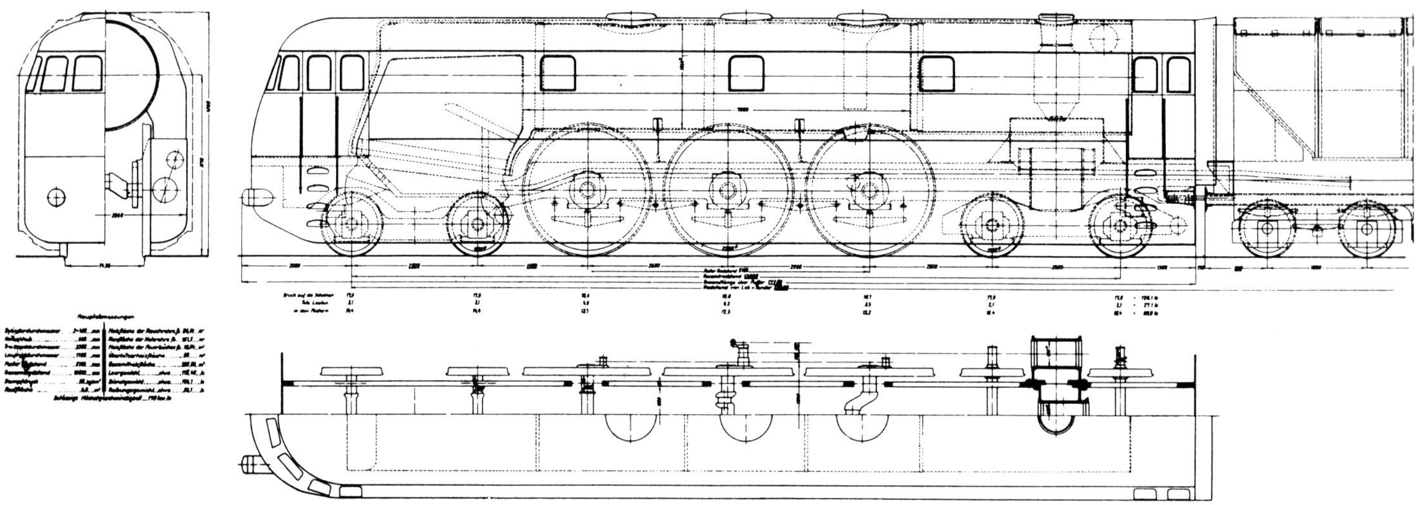

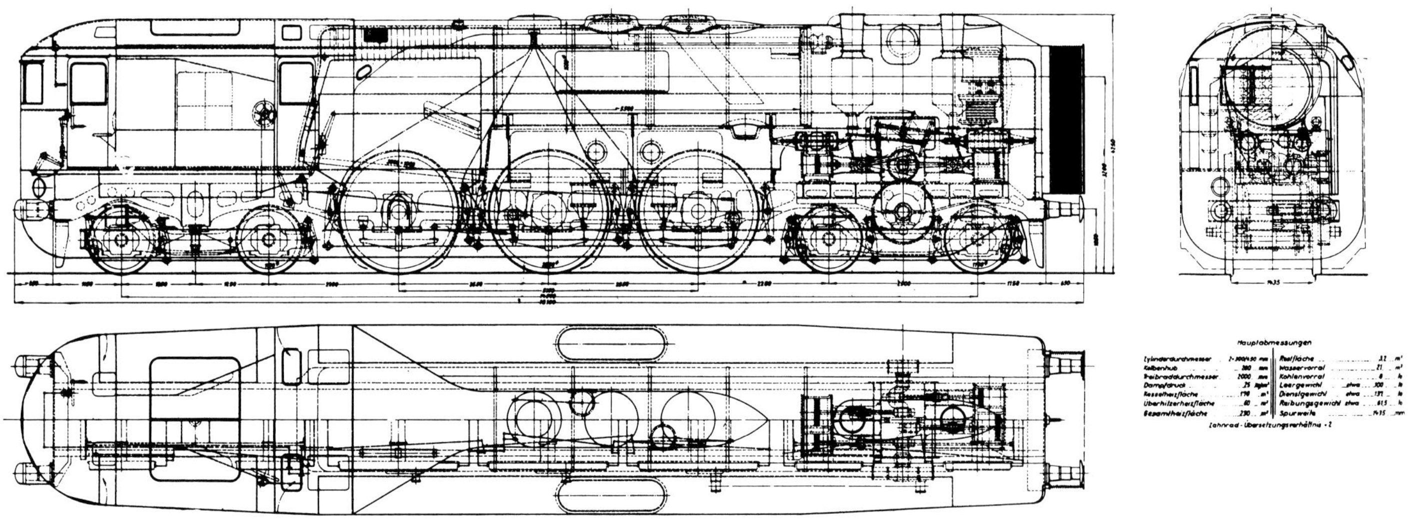
Hauptabmessungen
Zylinderdurchmesser 2·300/450 mm
Kolbenhub 300 mm
Treibraddurchmesser 2000 mm
Dampfdruck 25 kg/cm²
Kesselheizfläche 170 m²
Überhitzerheizfläche 60 m²
Gesamtheizfläche 230 m²
Rostfläche 3,2 m²
Wasservorrat 21 m³
Kohlenvorrat 8 t
Leergewicht etwa 100 t
Dienstgewicht etwa 137 t
Reibungsgewicht etwa 61,5 t
Spurweite 1435 mm
Zahnrad-Übersetzungsverhältnis = 2
1435

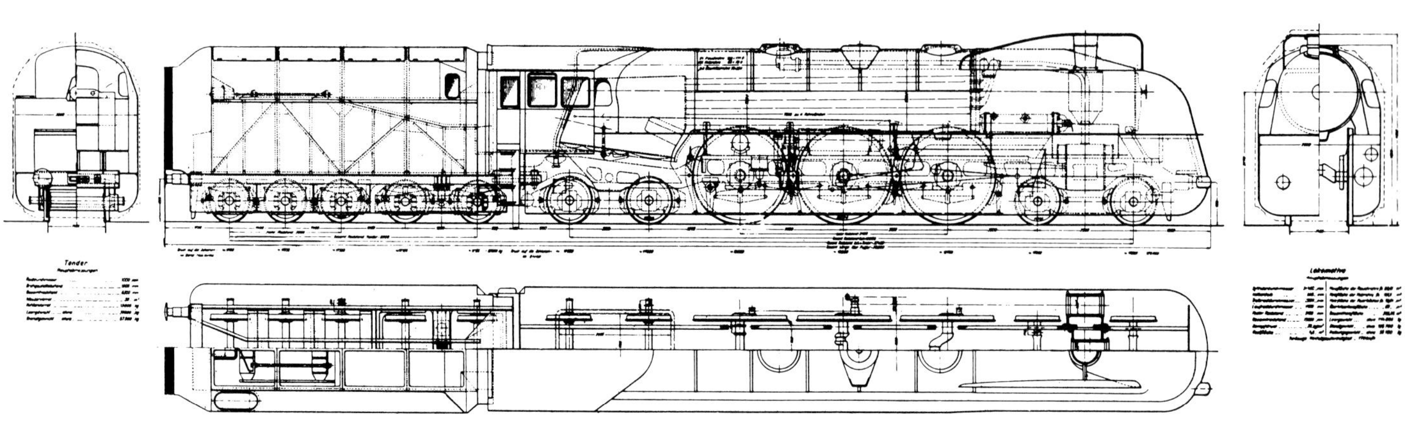

Pläne und Projekte zur Baureihe 05

Die Einladung der Reichsbahn an die deutschen Lokomotivfabriken, ihr Entwürfe zu einer Schnellfahrlokomotive vorzulegen, rief 1934 ein gewaltiges Echo hervor. Mehr als dreißig ausgefallene Vorschläge wurden gemacht, darunter die drei auf der linken Seite gezeigten Skizzen. Hans Nordmann von der Reichsbahn hat sie in »Glasers Annalen« vom 1. August 1934 vorgestellt. Links oben »die Verschalung ... einer scheinbar rückwärtsfahrenden Lokomotive mit Kohlenstaubfeuerung und Tender«, in der Mitte der Entwurf »einer eigentlichen Tenderlokomotive mit gekapselter Schnelläufer-Dampfmaschine und Blindwellenantrieb. Über die Ausführung ist noch nicht entschieden, doch verdeutlichen sie die rührige Arbeit auf dem Gebiete sehr schnellfahrender Dampflokomotiven«. Ganz unten auf der linken Seite sieht man »die eigentliche durchkonstruierte 2C2-Schnellfahrlokomotive selbst mit schnelltriebwagenartigem Kopf und weitgehender, den Tender mit einbeziehender Verschalung. Die Treibräder weisen in guter Anpassung an die hohe Fahrgeschwindigkeit 2,3 m Durchmesser auf«. Damals war also die Bestellung an Borsig über zwei 05-Lokomotiven bereits herausgegangen. Die Lokfabrik Henschel machte ihre beiden Vorschläge von 1933 zum Thema nochmals sehr anschaulich 1935 in den »Henschel-Heften« publik: Unten eine teilweise verkleidete Vierzylinder-Verbundlok üblicher Bauart, dazu eine ölgefeuerte Variante mit vornliegendem Führerstand. Beide Modelle sollten 150 km/h Geschwindigkeit erreichen, wurden aber wegen des Triebwerks zur Ausführung nicht angenommen.

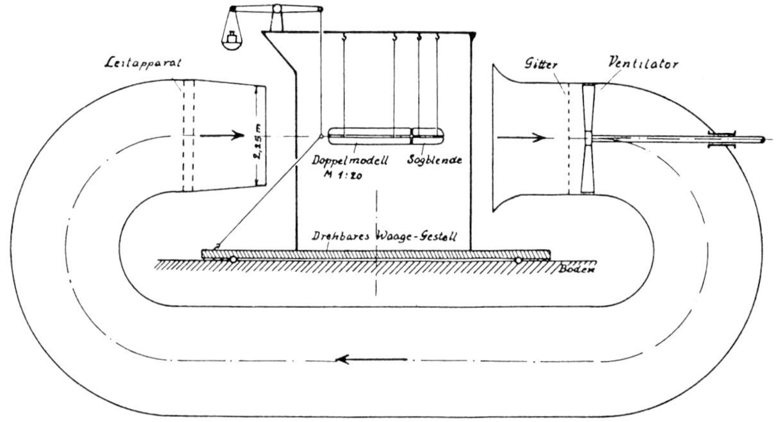

Modelle der Stromlinie

Zur Vorbereitung ihrer Projekte hatte bereits die Firma Borsig 1933 eine Reihe von Experimenten im Windkanal durchgeführt, die im Auftrag der Reichsbahn 1934 bei der Aerodynamischen Versuchsanstalt Göttingen überprüft wurden. Zusammensetzbare Holzmodelle im Maßstab 1:20 wurden verwendet. Auch diese Versuche hat Professor Nordmann beschrieben: Links oben das »Modell der Ausgangsform einer 2C2-Schnellfahrlokomotive«, darunter das »Modell einer 2C2-Schnellfahrlokomotive mit kugeliger Rauchkammertür und zugeschärftem Führerhaus«, ganz unten das »Modell einer 2C2-Schnellfahrlokomotive, vollständig verkleidet«. Ein Schema des Windkanals zeigt das Bild rechts oben. Darunter das Bild des Doppelmodells mit Sogblende im Windkanal; auf diese Weise sollten die Einflüsse von Gleis und Zug auf die Messungen ausgeschieden werden. Zu dem Bild ganz unten schrieb Hans Nordmann 1934: »Als Extremform haben wir endlich eine völlig gekapselte scheinbar rückwärts fahrende 3C2-Tenderlokomotive geblasen, deren Leistung allerdings etwas kleiner sein würde«. Diese Versuche sollten noch 1934 mit der Lokomotive 03 154 überprüft werden.

Die Prototyp-Lokomotive 03 154

Besonders gepflegte acht Exemplare der Dampflokreihe 03 wurden bereits 1933 als Ersatzmaschinen des »Fliegenden Hamburgers« für eine Höchstgeschwindigkeit von 140 km/h zugelassen. Diese jüngste Loktype der Reichsbahn wählte man deshalb auch für die notwendigen Versuche zur Entwicklung einer Stromschale. Die Borsig-Lokomotive 03 154 diente 1934 zu Versuchen, mit denen Leistungsgewinn und Lagertemperaturen ermittelt werden sollten. Die Aufnahme links oben zeigt die mit Meßleitungen bestückte Maschine im Ausbesserungswerk Braunschweig. Links unten ein Schnappschuß von den Meßfahrten mit der Lok 03 154. Vor dem Wagen der Versuchsabteilung für Lokomotiven steht die Maschine, noch ohne seitliche Windleitbleche, auf dem Hauptbahnhof Altona bereit. Die Rückfahrt nach Berlin steht kurz bevor; Aufnahme vom Sommer 1934. Rechts erscheint die Versuchslokomotive 03 154 mit Windleitblechen. Schon nach wenigen Probefahrten ergab es sich, daß auch an der Versuchslok die bei den übrigen Einheitsschnellzugloks bewährten Windleitbleche angebracht werden mußten. Diese Maßnahme ist 1934 noch vom Herstellerwerk ausgeführt worden. Den Zustand der Maschine nach dem Ende der Vergleichsversuche zeigen die Abbildungen auf Seite 140 unten.

Anstrich
15. 3. 34.
15. 3. 36.
Abn.Bwg.
Haftpfl.b.

Meßfahrten für den Entwurf der Baureihe 05

Nach ihrer Ablieferung im März 1934 wurde die Versuchslokomotive 03 154 von der Reichsbahn auf Herz und Nieren geprüft. Links oben ist sie auf dem Magdeburger Hauptbahnhof zu sehen, links unten auf dem Gelände der Versuchsabteilung für Lokomotiven in Berlin-Grunewald. Beides sind Amateur-Aufnahmen, bei denen die Seltenheit der Maschine über die fotografischen Mängel hinwegtrösten muß. Dagegen hat der Werksfotograf für die Abbildung unten seine Glasplattenkamera in den Borsig-Fabrikhallen aufgebaut. Gegen Ende 1934 ist eine Lokomotive der Reihe 05 so weit fertiggestellt, daß man an die Montage der Stangen gehen kann. Der Kreuzkopf liegt bereit. Die unterschiedliche Form der beiden Drehgestelle fällt auf. Der Vorwärmer ist hinter den Kamin gerückt. Die Dome sind versenkt in den Langkessel eingearbeitet, um Höhe einzusparen. Die Lok ist fast 18 m lang.

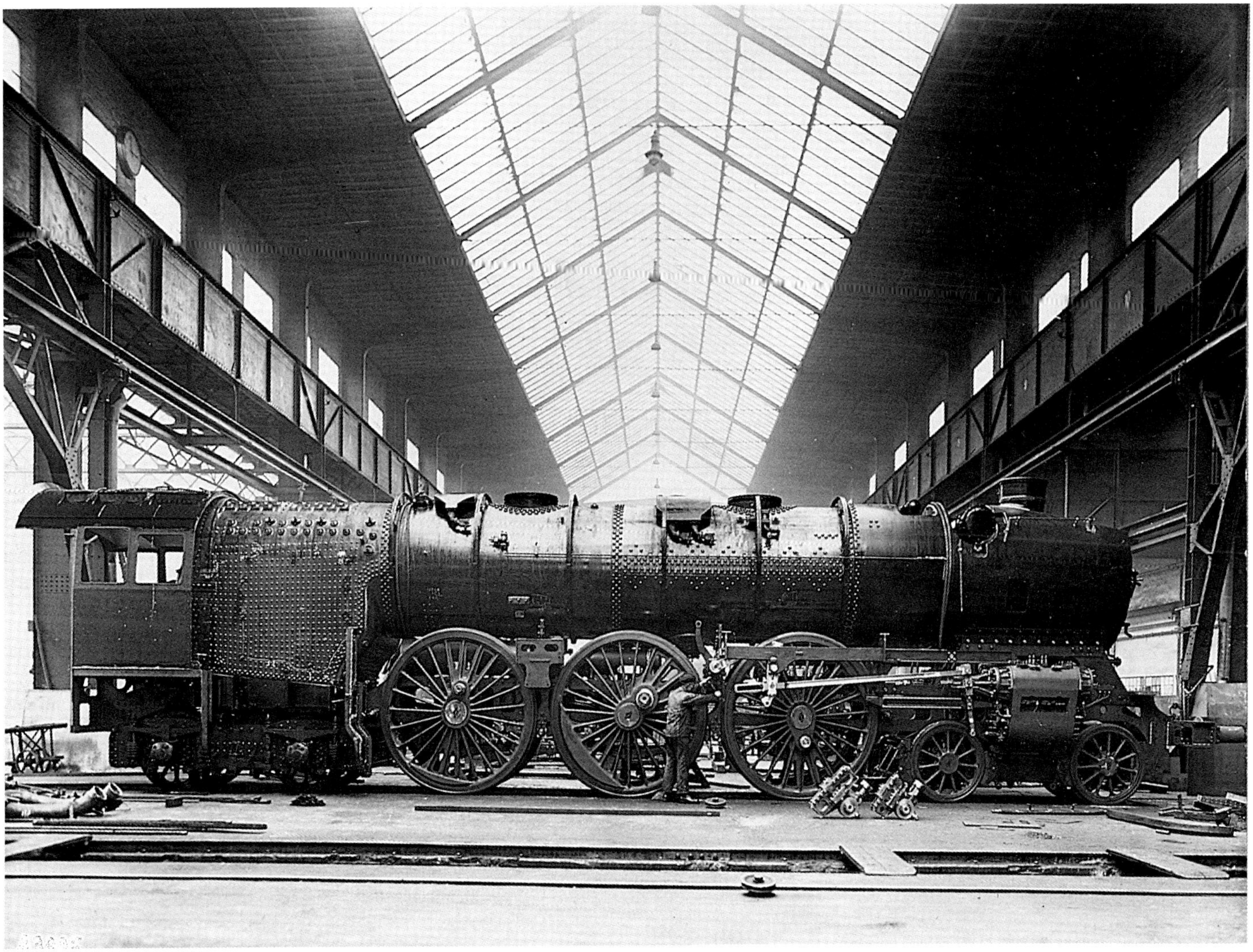

Eine Lokomotive entsteht

Das Holzmodell in Originalgröße wurde angefertigt, um die Bleche der Verkleidung dementsprechend formen zu können (Bild links). Die kleine Aufnahme, ein Filmausschnitt, zeigt vor dem Treibrad der Reihe 05 (von links nach rechts) den Lokomotiv-Referenten Friedrich Fuchs von der Reichsbahn-Hauptverwaltung, den Borsig-Direktor Valentin Litz und den Dampflok-Dezernenten Richard Paul Wagner vom Reichsbahn-Zentralamt Berlin. Daneben ein Bild der Reihe 05 mit teilweise angebauter Stromschale. Bereits in diesem Stadium wurden Anfang 1935 erste Probefahrten in der Nähe von Tegel unternommen, wie das Bild unten aus einem Werbefilm der Reichsbahn illustriert.

Giganten der eisernen Landstraße

In der »Berliner Illustrierten« (Heft 11/1935) war zu dem rechts oben wiedergegebenen Bild der folgende Text zu lesen: »Giganten der eisernen Landstraßen sind die neuen riesigen Stromlinien-Lokomotiven. Was vor wenigen Jahren noch unvorstellbare Leistung war, wird heute von diesen Wunderwerken der Technik mühelos vollbracht. Wie auf den Ozeanen die Schiffsriesen um das Blaue Band wetteifern, so liegen auch die Riesen des Landverkehrs im friedlichen Wettkampf um die größte Schnelligkeit und Sicherheit. Hier steht die neue siebenachsige Stromlinien-Lokomotive der Deutschen Reichsbahn. Die von den Borsigwerken erbaute Lokomotive ist 26 Meter lang und wird eine Fahrgeschwindigkeit von 175 Stundenkilometer erreichen.« Das Bild darunter, ebenfalls im Februar 1935 vor dem markanten Tegeler Wasserturm von Borsig entstanden, enthält einmal das ganze Sortiment von Klappen und Rolläden, die man zur Wartung der unter dem Blechkleid verborgenen Lokomotive vorgesehen hatte. Auch der Kohlenkasten ist geöffnet. Unten ein Blick in den Führerstand der Reihe 05 bei Borsig. Der Reglerhandgriff fehlt noch. Zwei große Boschöler und viele Schaugläser zeigen, wie viele Schmierstellen während der Fahrt versorgt werden mußten. Ein bis zwei Tonnen Kohle pro Stunden sollte der Heizer in das Feuerloch schippen.

05 001

05 001

Der erste Stromlinien-Tender

Die Rückseite des Tenders für die Lokomotive 05 001 im grauen Fotografieranstrich (unten) und seine Vorderseite im endgültigen roten Lack der englischen Midland-Bahn (rechts) sind auf dieser Doppelseite zu sehen. Das fünfachsige Fahrzeug konnte etwa 37 m^3 Wasser und 10 t Kohle tragen. Man erkennt die drei Kuppeleisen, zwei Wasserschläuche und zwei Stoßpuffer für die Verbindung von Lok und Tender.

Ablieferung

Als die Dampflokomotive 05 001 am 8. März 1935 an die Reichsbahn übergeben wurde, sorgte frischer Schnee in Berlin für einen besonders festlichen Effekt. Die Presse war mit Fotoapparaten und Filmkameras angerückt, wie auch die beiden Szenen rechts oben zeigen. Den spiegelnden Glanz der Stromlinienverkleidung gibt das Bild darunter besonders gut wieder, in dem die Borsig-Maschine die alte Güterzug-Tenderlokomotive 93 107 in Tegel passiert.

IA-15567

93 107
05 001

Erste Fahrversuche der Lok 05 001

Die drei Bilder dieser Doppelseite zeigen die Borsig-Stromlinienmaschine noch im März 1935 vor dem Meßwagen. Es war selbstverständlich, daß die Schnellfahrlokomotive vor der Übergabe an den Betrieb erst einmal gründlich von der Versuchsabteilung für Lokomotiven in Grunewald durchgeprobt werden sollte. Dazu spannte man sie vor den Meßwagen 3 und ließ sie auf der für hohe Geschwindigkeiten bereits eingerichteten Strecke Berlin–Hamburg laufen. Die Aufnahme rechts entstand im Bahnbetriebswerk Altona, ebenso das schöne Gruppenbild darunter: Zweiter von rechts ist der Leiter der Versuche, Reichsbahnrat Paul Roth, siebenter von rechts der Versuchsdezernent im Zentralamt, Professor Hans Nordmann, daneben Borsig-Direktor Dr. Valentin Litz. Das Bild auf dieser Seite unten ist Adolf Wolff, dem wir auch die beiden Fotografien rechts verdanken, im Bahnhof von Brandenburg an der Havel gelungen. Auf jener Strecke wurden die Grunewalder Versuchsfahrten abgehalten, wenn kein besonderes Tempo verlangt war.

05 001
Bahnbetriebswerk

05 001

Auf der Nürnberger Jubiläumsausstellung

Gemeinsam mit der Lok 61 001 bildete die Maschine 05 001 einen der Hauptanziehungspunkte auf der Leistungsschau »Hundert Jahre deutsche Eisenbahnen« im Sommer 1935. In der damals vom Reichsbahn-Werbeamt herausgegebenen Broschüre »Hundert Jahre Deutsche Eisenbahnen« hat der Maler Hans Baluschek »den ungeheuren Fortschritt, den die Eisenbahntechnik in hundert Jahren gemacht hat«, beinahe zu romantisch illustriert (Bild rechts oben). In die Realität zurück führt die Aufnahme darunter von der Reichsbahn-Parade am 8. Dezember 1935 in Nürnberg; daneben die Besichtigung der Lokomotive durch Adolf Hitler gleich nach dieser Vorführung.

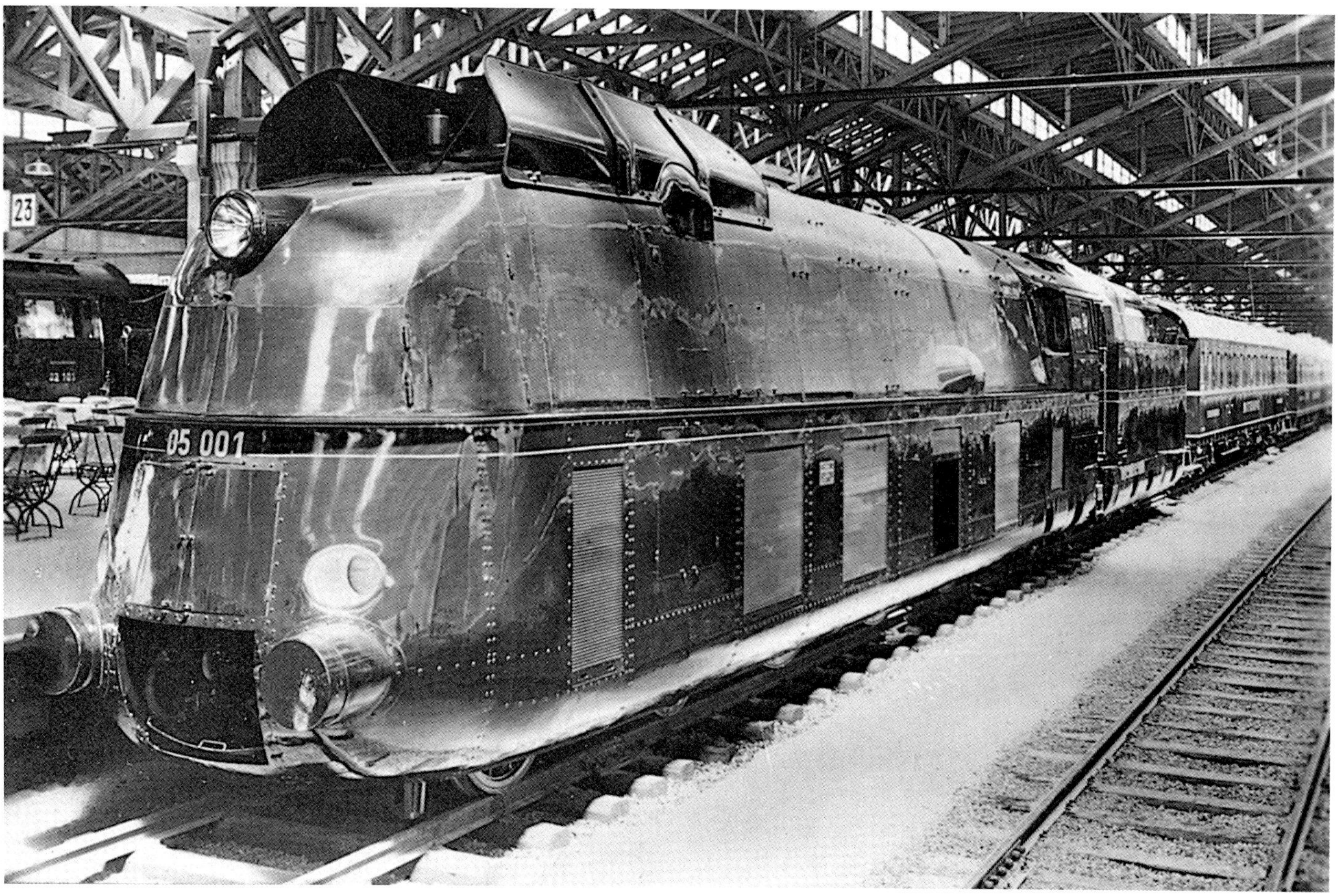

HB'

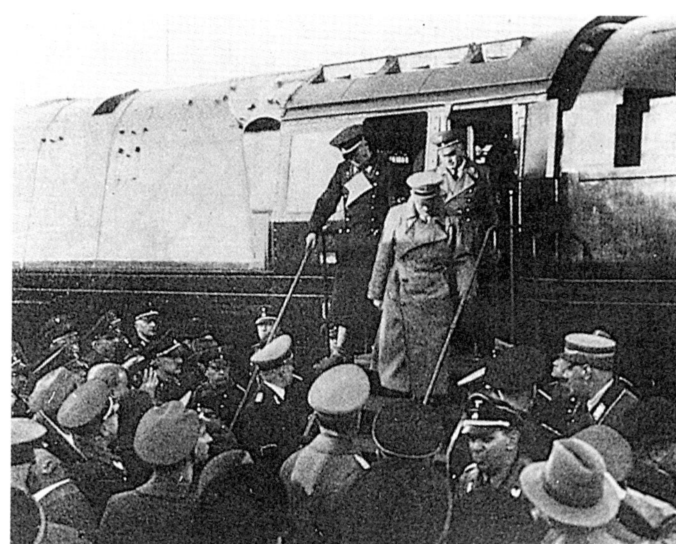

Meßfahrten und Reklamefahrten

Nicht selten wurde das Versuchsprogramm mit der Lokomotive 05 002 unterbrochen durch Touren von geladenen Gästen, denen die Fortschritte bei der Reichsbahn vor Augen geführt werden sollten. Für Presseleute aus dem In- und Ausland fuhr man am 25. Februar 1936 von Hamburg nach Berlin. Davon kündet dieses bekannte Bild vom Hamburger Hauptbahnhof: Die Aufnahme ist in der Borsig-Werbung der dreißiger Jahre immer wieder verwendet worden. Auf dem Bahnsteig (zwischen der Frau und dem Mann mit der Mütze) steht Adolf Wolff. Am 30. Mai 1936 entstand das Bild oben rechts anläßlich einer Vorführung für die englische »Institution of Locomotive Engineers« bei einem Zwischenhalt auf dem Bahnhof von Wittenberge. Darunter ein Schnappschuß aus Potsdam. Er zeigt die zu erprobende Maschine 05 002, dahinter den Meßwagen und zwei Bremslokomotiven der Gattung S 10, mit deren Hilfe konstante Belastungen erzeugt werden konnten.

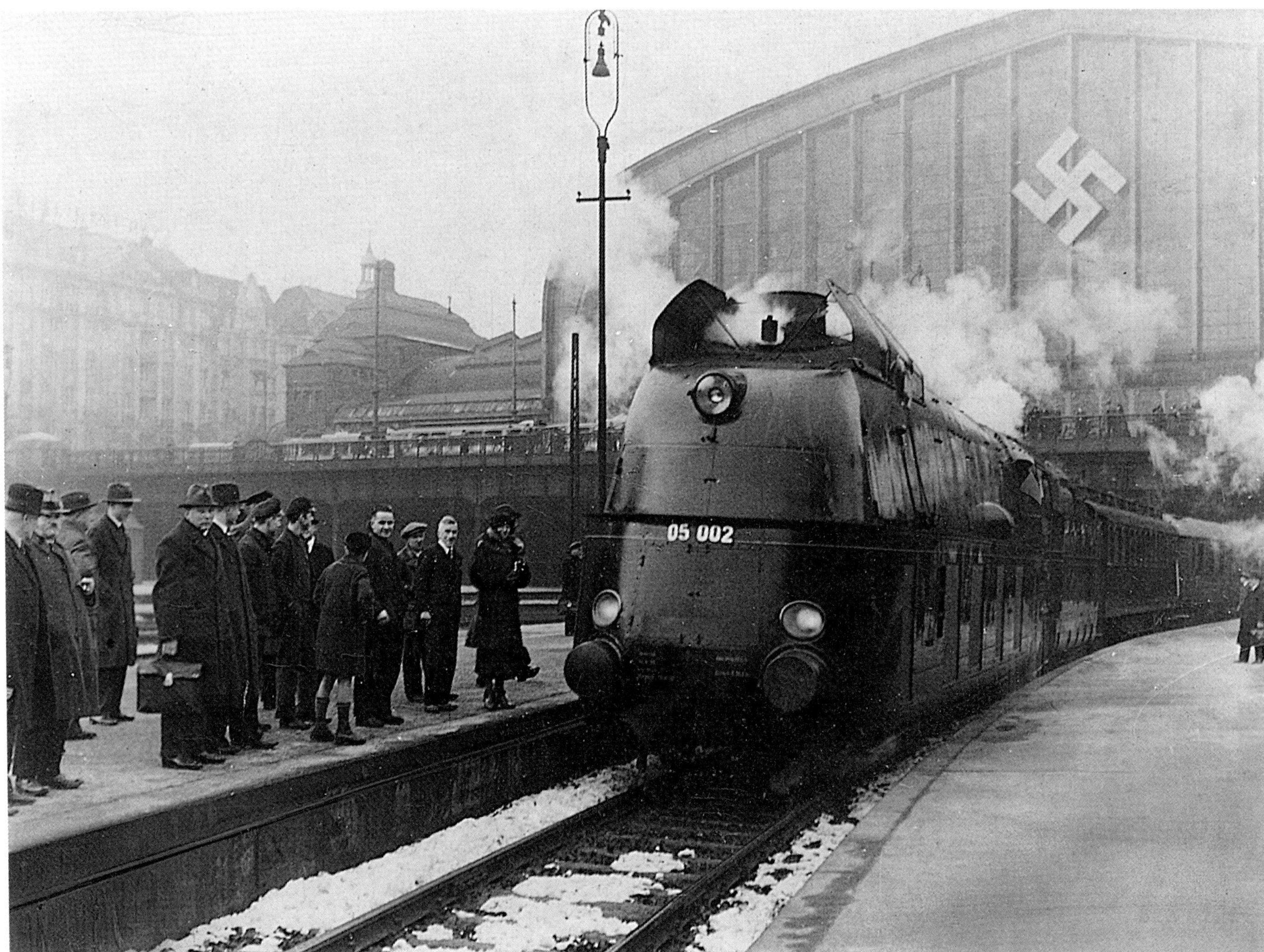

05 002

05 002

05 001

Olympia 1936

Anläßlich der Spiele der XI. Olympiade in Deutschland hat man viele Lokomotiven der Reichsbahn mit den fünf Ringen dekoriert. Bei der Maschine 05 001 wurde, wie die nebenstehenden Aufnahmen von Hermann Maey zeigen, auch das Hakenkreuz angemalt. Fahnenhalter kamen hinzu. Beide Borsig-Stromlinienloks hatten 1936 übrigens, wie auch das Bild rechts aus dem Ausbesserungswerk Braunschweig zeigt, unter den Puffern nachträglich große Ausschnitte für Kühlluft bekommen. Größere Windleitbleche hatten die beiden Renner schon 1935 erhalten.

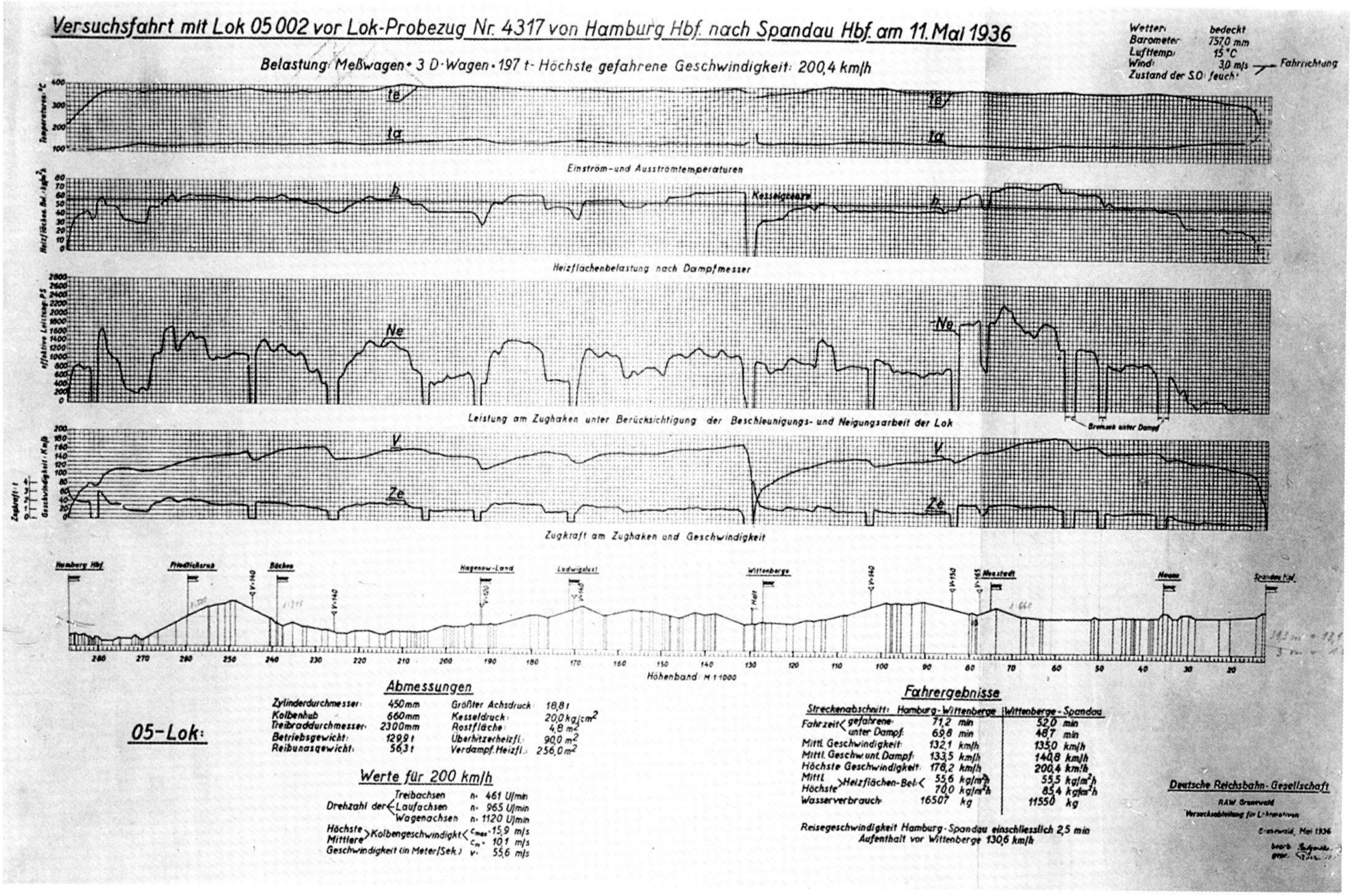

Schnellste Dampflok der Welt

Mit großen Anstrengungen tasteten sich die Reichsbahn-Versuchleute mit der Lokomotive 05 002 an das sagenhafte Tempo von 200 km/h heran. Bei einer Präsentation für die politische Prominens der Zeit wurde am 11. Mai 1936 zwischen Hamburg und Berlin mit der Spitzengeschwindigkeit von 200,4 km/h ein Weltrekord für Dampfloks aufgestellt. Oben die grafische Darstellung der vielfältigen Messungen von der Rekordfahrt am 11. Mai 1936 mit den wichtigsten Fahrergebnissen. Verfolgt man das Geschwindigkeitsband, so sind ein Halt in Wittenberge und das Steigen der Geschwindigkeit bei Neustadt an der Dosse leicht zu erkennen. Rechts oben folgen zwei Dokumente, die an die Persönlichkeit des Reichsbahn-Generaldirektors Julius Dorpmüller erinnern: Einmal das Gedenkblatt auf Büttenpapier, das er Reichsbahnrat Roth überreichte, und dann das Bild der Sektfeier mit dem Lokpersonal nach der Rekordfahrt. Auf dem Führerstand Langhans und Höhne, davor Roth und von Jagow in den hellen Kombinationen. Darunter noch einmal die Rekordmaschine, aufgenommen im Mai 1935 bei den Borsig-Lokomotivwerken in Hennigsdorf. Die Fabrikation in Tegel war nun unwiderruflich beendet, denn die AEG hatte den Borsig-Lokomotivbau übernommen.

In Erinnerung an die Rekord
fahrt von 201 km am
11 Mai 1936

05 002

BARTSCH QUILITZ & Co
Lw1

Die Baureihe 05 in Berlin

In den Betriebseinsatz kamen die Maschinen 05 001 und 002 auf der für den »Fliegenden Hamburger« bereits ausgebauten und inzwischen weiter verbesserten norddeutschen Rennstrecke zwischen dem Lehrter Bahnhof von Berlin einerseits sowie den Hauptbahnhöfen Hamburg und Altona andererseits. Ab 15. Mei 1936 hatten sie das Zugpaar FD 23/24 zu bespannen, das aus vier Schnellzugwagen »modernster Bauart« und dem Mitropa-Speisewagen gebildet wurde; zusammen 200 t Anhängelast. Im Bild links oben nähert sich die Lok 05 002 am Vormittag der Reichshauptstadt, die Zeiger stehen auf 9.16 Uhr. In der Aufnahme darunter ist es 9.34 Uhr geworden, als der Zug FD 23 mit Lok 05 001 den Lehrter Bahnhof erreicht hat. Hamburg hatte der Zug um 7.09 Uhr verlassen; Gesamtfahrtzeit 145 Minuten für 286 Kilometer. Den alltäglichen Kampf mit den Klappen der Stromschale bezeugt die Abbildung auf dieser Seite, ebenfalls in Berlin am Lehrter Bahnhof auf Film festgehalten.

In Hamburg

Auch im Stadtgebiet von Hamburg haben sich Eisenbahnfreunde am Bahndamm postiert, wenn die Stromlinienlok der Reihe 05 im Plan stand. Auf dieser Seite ein Bild vom Bahnsteig in Hamburg-Dammtor mit Lokomotive 05 002 aus dem Jahre 1938. Hinter ihr läuft ein kombinierter Post- und Packwagen, also Einsatz der Lok vor einem »gewöhnlichen« Schnellzug. Im Morgennebel kommt am Kilometerstein 291,4 in Hamburg bei der Holstenstraße die selbe Maschine mit einem anderen schweren Schnellzug daher, vor denen auch diese besonderen Loks mitunter verwendet wurden. Es ist der etwas langsamere Zug D 3 nach Berlin. Rechts unten schließlich eine Hamburger Winterstimmung mit der Stromlinienlokomotive zwischen Dammtor und Hauptbahnhof, anno 1936/37 beobachtet.

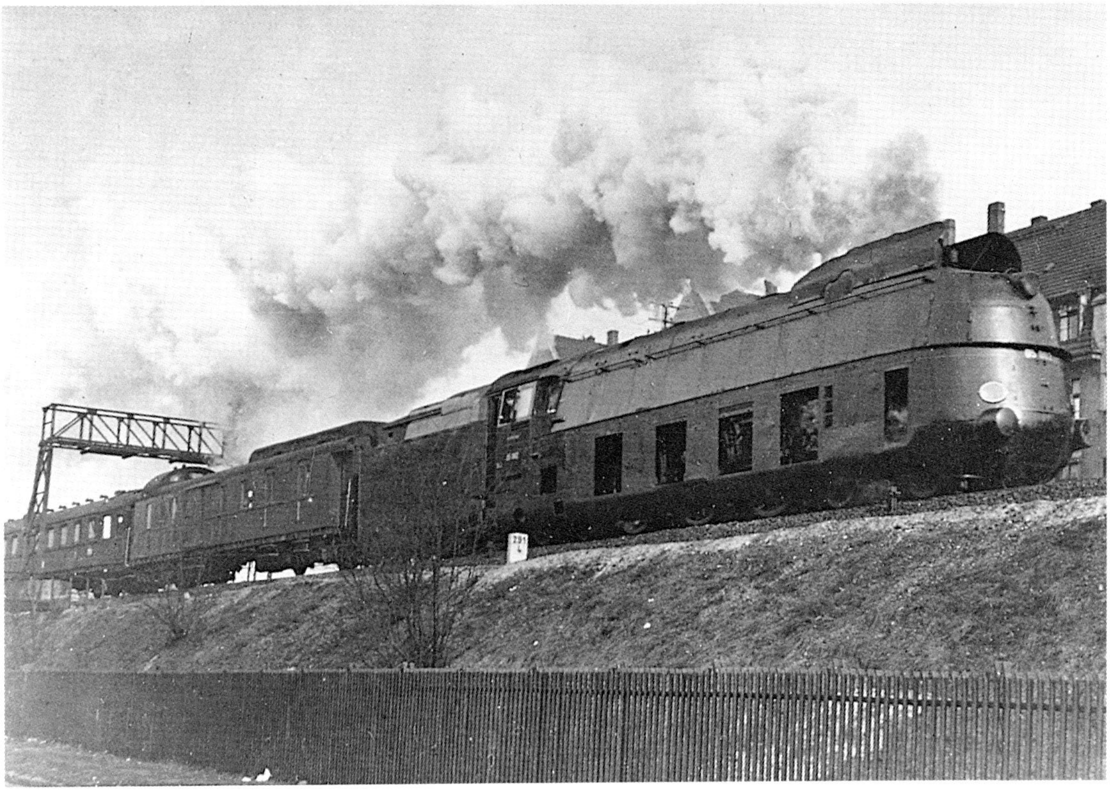

Wie Carl Bellingrodt die Baureihe 05 sah

Besondere Kostbarkeiten unter den Betriebsaufnahmen der Borsig-Stromlinienlok sind jene Fotografien, welche Carl Bellingrodt aus Wuppertal für das Deutsche Lokomotivbild-Archiv in Darmstadt gemacht hat. Seine Stärke waren die Bilder des Zuges in der Landschaft. Links zweimal die Lok 05 002 im Jahr 1936 vor dem Meßwagen, und zwar oben in Zernitz bei Neustadt an der Dosse, darunter zwischen Nauen und Spandau vor Berlin. Auf dieser Seite heißt es: »Ausfahrt frei für die Lokomotive 05 002 und den FD 23 in Hamburg Hauptbahnhof!« Aufnahme 1938. Bemerkenswert die Ausrüstung der Lok mit Griffstangen oben an der Stromlinienverkleidung.

Stromlinien-Baureihe 05 im Krieg

Bis zum Ende der dreißiger Jahre änderte sich im Einsatz der Dampflokreihe 05 bei der Deutschen Reichsbahn außer Minutensprüngen im Kursbuch nichts. In den nur drei Jahren vom Sommer 1936 bis zum Sommer 1939 gehörte das Bild auf dieser Seite zum Alltag: Der von den Stromlinienloks beförderte Zug in typischer Zusammenstellung hatte vier bis fünf moderne, aber nicht windschnittige Personenwagen, dazu der Mitropa-Speisewagen. Rechts oben ein Blick auf den Tender der Lok 05 002 mit dem breiten Hoheitszeichen, wohl Anfang 1942 in Neumünster fotografiert. Es fällt an vielen Bildern ab 1938 auf, daß die Klappen und Rolläden vor dem Fahrwerk nicht mehr geschlossen wurden. Der Krieg tat ein übriges: Am 8. April 1942 war die Lokomotive 05 001 im Reichsbahn-Ausbesserungswerk Braunschweig mit einer über den Treibrädern und dem hinteren Drehgestell frisch ausgeschnittenen Verkleidung anzutreffen. Vorbei war ihre große Zeit!

Auf der folgenden Doppelseite:
Die Lokomotive 61 001 vor der Fertigstellung in den Hallen von Henschel in Kassel; Ende 1934.

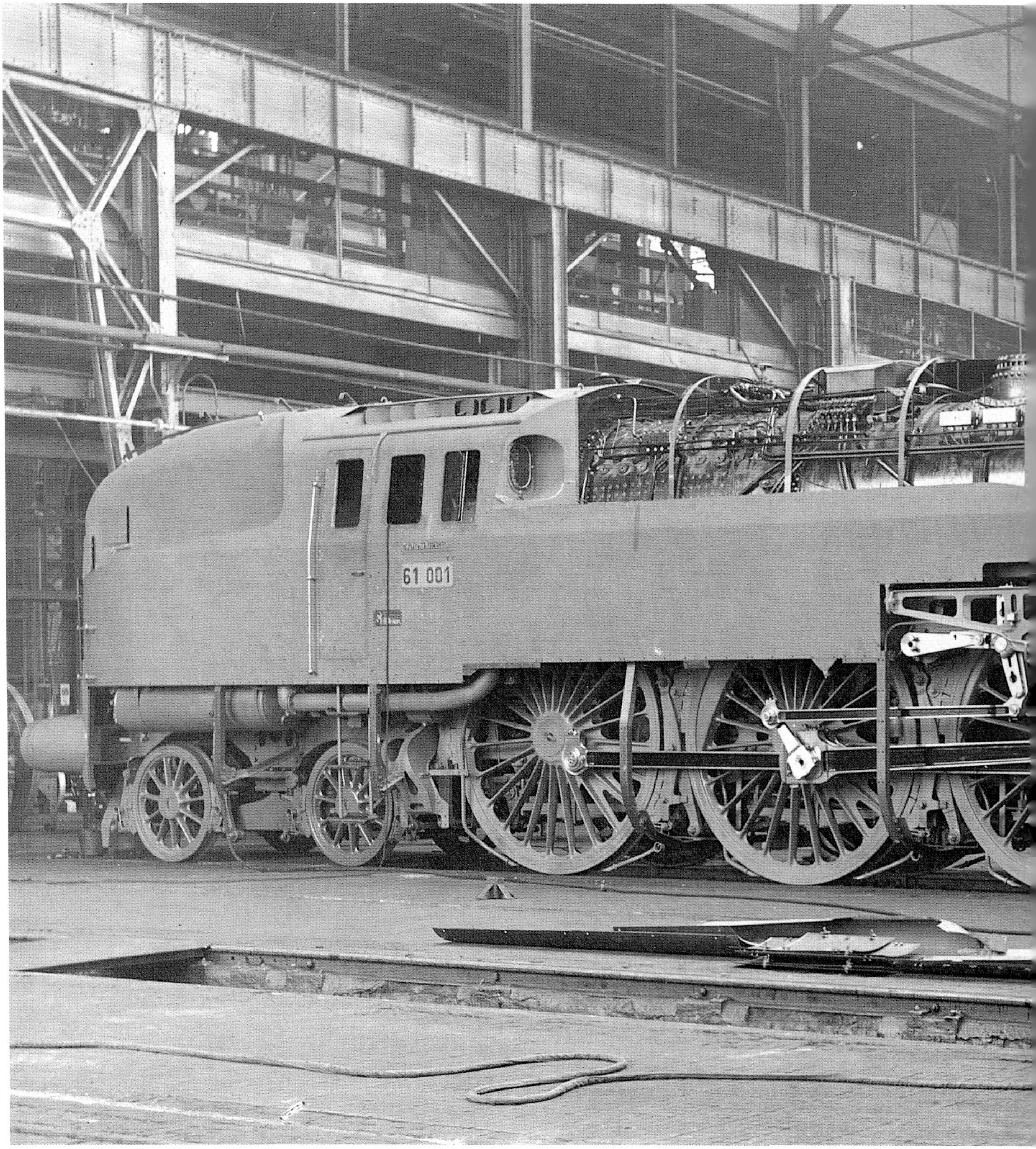
61 001

61 001

Zweites Kapitel Der Henschel-Wegmann-Zug und seine Lokomotive 61 001

In den Jahren 1933/34 noch als einfaches Gegenstück zum »Fliegenden Hamburger« entworfen, dessen importiertem Dieselöl man den Gebrauch heimischer Steinkohle entgegensetzen wollte, erwuchs aus der Idee der beiden Kasseler Firmen Henschel und Wegmann alsbald ein ganz eigenständiges Vorhaben, mit dem man eben wegen der größeren Leistungsfähigkeit der Dampflok mehr bieten wollte als in dem spartanischen, weil leichten Triebwagen. Geschlossene Abteile, ein separater Speiseraum und gar eine kleine Aussichtsstube ließen sich in den vier Wagen des neuen Wegmann-Salonzuges bequem unterbringen. Die Maschine 61 001 wurde vom Henschelwerk mit der prominenten Fabriknummer 22 500 belegt. Ihr Chefkonstrukteur Georg Heise, kurz vor der Pensionierung stehend, kümmerte sich noch selbst um den Entwurf, an dem auch Knipping wirkte. Den Schlußanstrich hat man am 9. Mai 1935 aufgetragen, die Abnahme in Grunewald erfolgte aber erst am 25. März 1936. Für diese Lok hat die Reichsbahn 220 100 Reichsmark entrichtet, der Zug kostete nochmals eine knappe halbe Million. Die Ausstellung in Nürnberg 1935 und vielfältige Probefahrten sind dokumentiert; vor seiner Überstellung in den planmäßigen Einsatz diente der Zug auch ausländischen Staatsbesuchern zur Beförderung. Über den Einsatz des Henschel-Wegmann-Zuges zwischen dem Anhalter Bahnhof von Berlin und dem Hauptbahnhof von Dresden ist viel erzählt worden: Der legendäre »Meister Brade« hat über die Mängel und Probleme dieser etwas »zu eng gebauten« Zweizylinder-Maschine harte und auch skurrile Worte gefunden. Ein prägnanter Satz lautete damals: »Was ham mer heude widder dreschen missn – des Luder wollde doch eenfach nich!« – Eine kurze Scheinblütezeit vom Sommer 1936 bis zum Herbst 1939 erlebte auch diese Sonderkonstruktion, und daher ist ihr, als einem lebhaften Farbtupfer im Fahrzeugpark der alten Reichsbahn, aus der heutigen Sicht ein wohlwollend guter Ruf gewiß. Links ist der Henschel-Wegmann-Zug abgebildet, wie er 1935 in Nürnberg zu sehen war.

Leichter Dampfzug für den Schnellverkehr

Ein historischer Text
Von Friedrich Flemming

Eine knappe Beschreibung des neuen »Henschel-Wegmann-Zuges« ist im Heft vom 12. Juni 1935 (Seite 687) der Zeitschrift »Die Reichsbahn« erschienen, um dieses Fahrzeug einem breiteren Publikum vorzustellen. Ihr Verfasser, Reichsbahnrat Flemming, arbeitete damals als wissenschaftlicher Hilfsarbeiter im Lokomotiv-Referat der Reichsbahn-Hauptverwaltung in Berlin, auf dessen besonderen Wunsch dieser Zug entwickelt worden war.

Ende Mai 1935 ist ein neuartiger, leichter Dampfzug für den Schnellverkehr der Reichsbahn fertiggestellt worden. Er besteht aus einer 2C2-Zweizylinder-Heißdampf-Tenderlokomotive, die zur Herabminderung des bei hohen Fahrgeschwindigkeiten beträchtlichen Luftwiderstandes eine vollständige Stromlinienverkleidung erhalten hat, und aus vier vierachsigen Sonderwagen leichter Bauart. Die

Lokomotive ist von der Firma Henschel & Sohn A.-G., Kassel, der Wagenzug von der Firma Wegmann & Co., Kassel, gebaut worden; die Entwürfe wurden von den genannten Firmen in engster Zusammenarbeit mit dem RZM in Berlin aufgestellt. Der Dampfzug soll mit einer planmäßigen Höchstgeschwindigkeit von 160 km/h fahren. Auf welchen Strecken er eingesetzt wird, steht noch nicht fest. Vorerst wird er auf der Ausstellung »Hundert Jahre deutsche Eisenbahnen« in Nürnberg der Öffentlichkeit gezeigt werden.

Die Lokomotive, eine Tenderlokomotive mit drei gekuppelten Achsen, einem vorderen und hinteren Drehgestell, ist für beide Fahrtrichtungen, d.h. entweder mit dem Führerhaus oder mit dem Kessel voran, gebaut; sie braucht also nicht gedreht zu werden. Mit dem Zuge ist sie durch eine selbsttätige Mittelpufferkupplung, Bauart Scharfenberg, verbunden, die beim Kuppeln zugleich die Verbindung der Bremsleitung, Dampfheizung und elektrischen Kabel vermittelt. Bei 152 m^2 Verdampfungsheizfläche, 69 m^2 Überhitzerheizfläche, 2,75 m^2 Rostfläche und 20 atü Kesseldruck vermag die Lokomotive etwa 1600 PS Zylinderleistung zu entwickeln. Im Hinblick auf die außergewöhnliche Höchstgeschwindigkeit der Lokomotive von 175 km/h haben die Treibräder 2300 mm Durchmesser erhalten. Der Zylinderdurchmesser beträgt 460 mm, der Kolbenhub 750 mm. Zur Erleichterung der Bedienung der Lokomotive bei Fahrt mit dem Führerhaus voran sind die Bedienungseinrichtungen und Anzeigeinstrumente ein zweites Mal an der Führerhausrückwand vorgesehen. Auf der Lokomotive sind 17 m^3 Wasser und 5 t Kohle untergebracht. Die Lokomotive wiegt bei 18,5 t größtem Achsdruck betriebsfähig 128 t. Ihr Gesamtradstand beträgt 18350 mm, die Länge über Puffer 18505 mm.

Die vier Sonderwagen sind ebenfalls mit selbsttätigen Scharfenbergkupplungen kurz gekuppelt. Die Zwischenräume zwischen den Wagen sind zur Herabminderung des Luftwiderstandes durch in der Flucht der Seitenwände und des Daches verlaufende Faltenbalgen verbunden. Auch sonst ist in der äußeren Form der Wagen auf einen möglichst geringen Luftwiderstand Rücksicht genommen worden. Die fernbedienten Trittstufen werden während der Fahrt in die Verkleidung hochgeklappt. Der Zug ist einschließlich der Lokomotive 106 m lang, die vier Wagen wiegen 130 t. Der erste Wagen enthält ein Postabteil, ein Gepäckabteil, Küche und einen Speiseraum mit 23 Sitzplätzen. Jeweils in der Mitte der übrigen drei Wagen sind die Abteile 2. Klasse mit insgesamt 48 Sitzplätzen und an den Enden die Abteile 3. Klasse mit insgesamt 144 Sitzplätzen angeordnet. Das Ende des letzten Wagens ist als Aufsichtsraum eingerichtet. Der Zug besitzt Luftheizung und künstliche Belüftung sowie elektrische Beleuchtung. Den Energiebedarf hierfür liefern zwei auf der Lokomotive aufgestellte elektrische Turbogeneratoren von je 10 kW Leistung. Es ist besonderer Wert auf gediegene und bequeme Innenausstattung des Zuges gelegt. Die Abteile 2. Klasse mit besonders breiten Fenstern und der sonst für die 1. Klasse üblichen Ausstattung sind 2300 mm, die gepolsterten Abteile 3. Klasse 1700 mm lang. Der Zug ist mit Druckluftbremse – und zwar die Lokomotive mit der normalen Klotzbremse, die Wagen mit einer neuartigen Scheibenbremse – ausgerüstet, die einen Bremsweg von höchstens 1000 m aus 150 km/h Geschwindigkeit sicherstellt. Ferner hat er Magnetschienenbremse und induktive Zugbeeinflussung erhalten. Äußere Form und farbenfroher Anstrich – der Oberteil der Lokomotive, die Wagendächer sowie die unteren Schürzen sind alumimiumfarben, unter den Dächern folgt ein schmaler violetter Streifen, sodann in Höhe der Fenster ein breiter cremefarbener Streifen, während die untere Wagenhälfte wieder violett ist – geben dem Zug eine besondere Note.

Hauptabmessungen der Lok 61 001

Größte Geschwindigkeit	175 km/h
Zylinderdurchmesser	460 mm
Kolbenhub	750 mm
Treibraddurchmesser	2300 mm
Laufraddurchmesser	1100 mm
Gesamtachsstand	14 350 mm
Fester Achsstand	5100 mm
Dienstgewicht	127,0 t
Reibungsgewicht	56,0 t
Größter Achsdruck	18,5 t
Gewicht auf 1 m	6,9 t
Kesseldruck	20 kg/cm^2
Rostfläche	2,75 m^2
Heizfläche	151,9 m^2
Überhitzerheizfläche	69,2 m^2
Rohrlänge	5,0 m
Wasservorrat	17 m^3
Kohlenvorrat	5 t

Fabrikschild der Lok 61 001

Übersicht der Lokomotive 61 001 aus dem »Henschel-Heft« Nr. 5 von 1935.

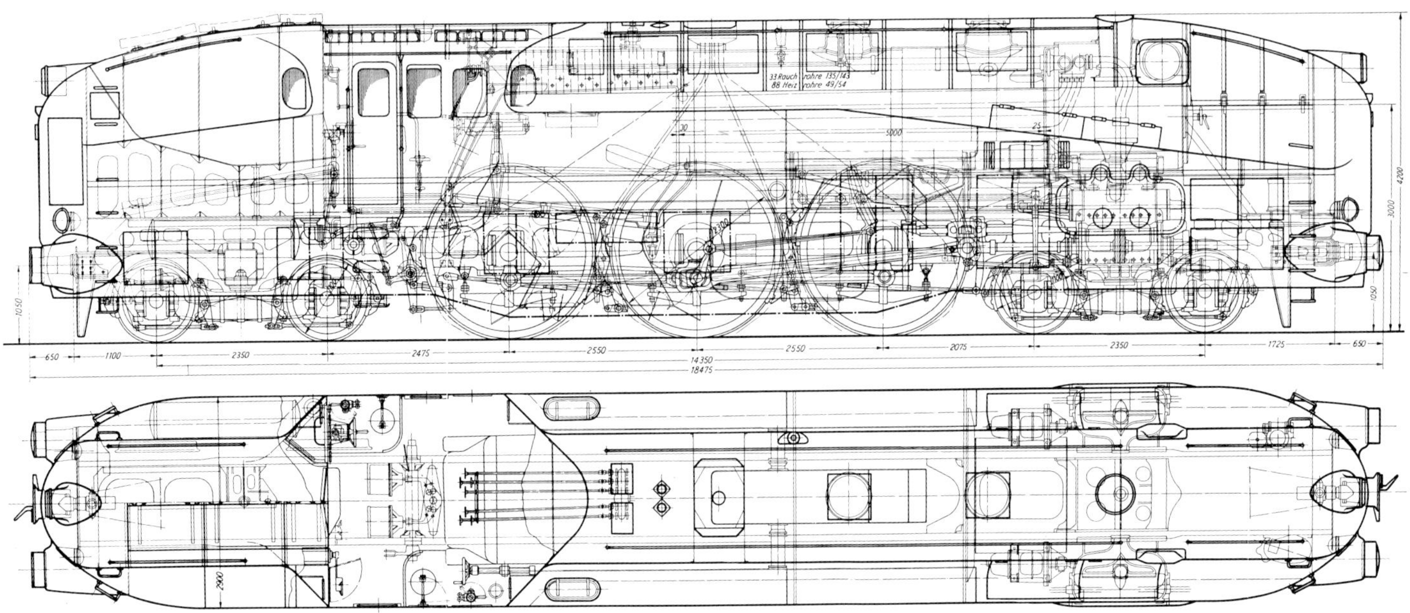

HENSCHEL
Stromlinien-
Fahrzeuge
61 001
für Schiene und Strasse
HENSCHEL & SOHN AG KASSEL

Henschel-Stromlinien-Fahrzeuge

Als eine Bedingung für höheres Tempo galt die windschlüpfrige Karosserie in den dreißiger Jahren nicht nur bei der Eisenbahn, sondern ebenso in der Gestaltung von Personenkraftwagen oder gar von Omnibussen, mit denen die Reichsbahn einen Schnellreisedienst auf den Autobahnen einrichten wollte. Eine Henschel-Annonce von 1935 verweist auf die Aktivitäten des Unternehmens auf diesen Gebieten. Wie diese Planungen im Februar 1933 begonnen hatten, führen die beiden Bilder unten vor. Die 2B 1-Tenderlokomotive von Henschel sollte einen zweiteiligen Wagen schleppen, der wie ein »Fliegender Hamburger« ohne Dieselmotoren aussah. Die gemalte Zusammenstellung darunter zeigt die komplette Zugidee mit dem in die Lokomotive versenkten Wagenkopf.

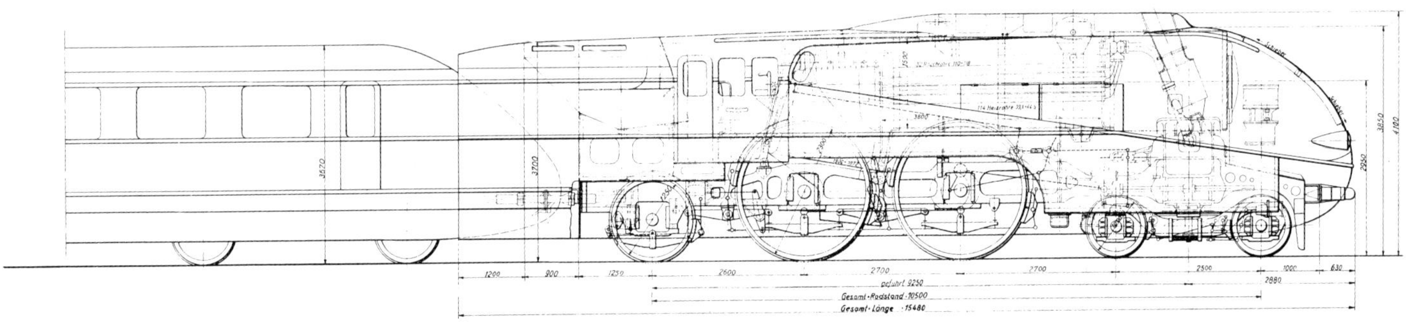

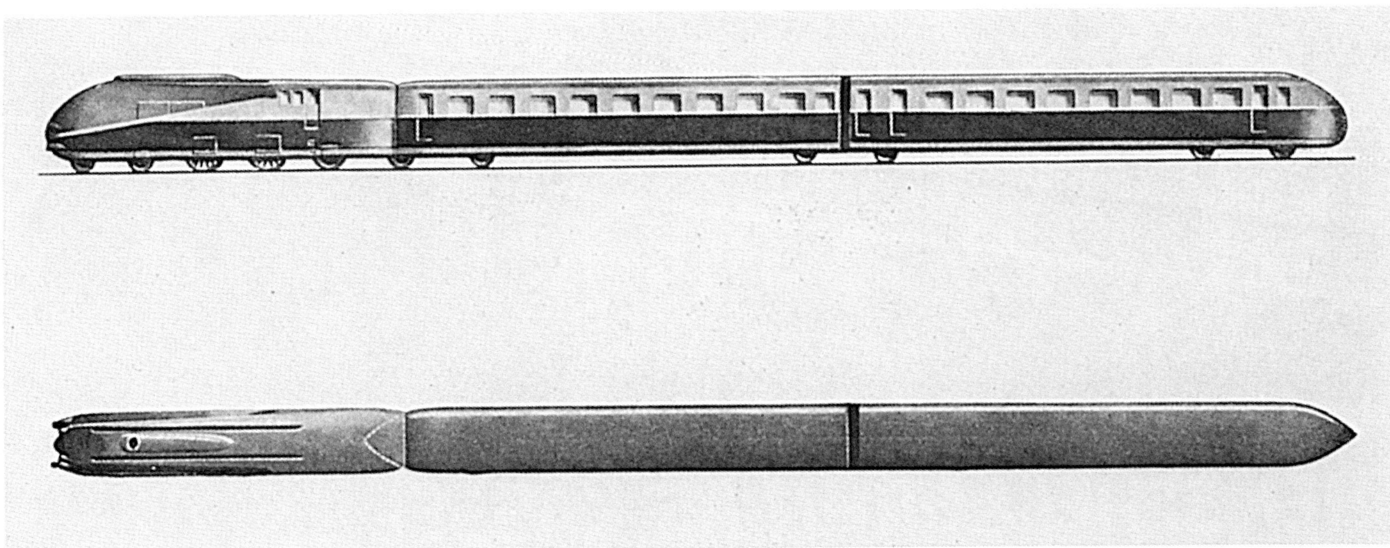

Vom Reißbrett auf die Schiene

Ein wichtiger Zwischenschritt auf dem Weg von der kleinen 2 B 1-Lok mit dem Doppelwagen zur späteren Lokomotive 61 001 ist in der Skizze vom März 1934 rechts oben dargestellt. Die Stromlinienverkleidung ist wie ein Zeppelin geformt, den Zwischenraum zum Zug sollte ein Faltenbalg schließen. Die Treibräder waren nicht verdeckt. Auf dieser Seite unten ist ein Teil der Radsatzgarnitur in Form einer Annonce von 1935 zu sehen. Da ein Zweizylindertriebwerk angewandt wurde, sind die Achsen nicht gekröpft. Der Arbeiter mit dem Maßstab soll vorführen, wie groß der Laufkreisdurchmesser von 2300 mm war. Die Bilder darunter, entstanden im Frühjahr 1935, zeigen die Führerseite im Fotografieranstrich und die Heizerseite im Lack der Ablieferung. Da die Maschine mit Führerständen für beide Fahrtrichtungen ausgestattet war, mußten die Führerhaustüren diagonal eingeplant werden: Eine »Führerseite« gab es eigentlich nicht mehr.

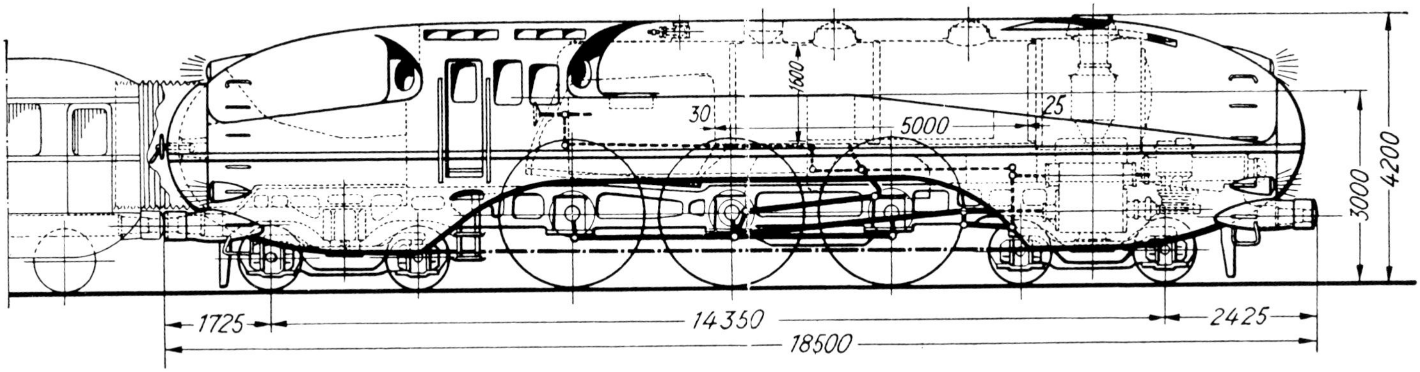
1600
30
25
5000
3000
4200
1725
14350
2425
18500

61 001

61 001
7158 e

61 001
61 001

Fahrt durch Kassel

Ein großes Spektakel war die Übergabe der Lokomotive 61 001 vom Herstellerwerk an die Reichsbahn. Links oben trifft man letzte Vorbereitungen auf dem Fabrikgelände von Henschel & Sohn. Im Bild auf dieser Seite unten rollt die Maschine über den Holländischen Platz in Kassel. Mehr als fünfundzwanzigtausend Henschel-Lokomotiven haben auf diesem Weg durch die Stadt das Werk verlassen, boten den Anwohnern ein immer wiederkehrendes Spektakel. Natürlich fiel die farbenfroh violett, weiß und silbern lackierte Stromlinien-Tenderlok besonders auf. Am Güterbahnhof Kassel-Unterstadt, wo die Strecke von den Henschel-Werken in die Betriebsgleise der Reichsbahn einmündete, hatte sich Rudolf Kreutzer postiert, um die neue Stromlinien-Tenderlok für die »Henschel-Hefte« auf die Platte zu bannen (Bild links unten).

In Kassel 1935

Einen Blick auf die Bauphase des Wegmann-Zuges in Kassel-Niederzwehren gewährt das erste Bild. An den Türausschnitten läßt sich erkennen, daß es sich um den Endwagen mit Speiseraum, Küche und Dienstabteil handelt. Auch jeweils ein Gepäck- und Postabteil befand sich in diesem Wagen mit der späteren Nummer »10401 Berlin«. Darunter die Sicht aus dem kleinen Aussichtsabteil an der Zugspitze auf die herannahende Lokomotive 61001 bei der Ablieferung in Kassel, rechts eine Aufnahme der Lok neben diesem Aussichtsabteil im Bahnhof Kassel-Unterstadt. Das letzte Bild auf dieser Doppelseite zeigt den zur Abfahrt nach Berlin bereitstehenden, glänzenden Henschel-Wegmann-Zug; am Abteilfenster (mit Hut) der Firmenchef Oscar R. Henschel persönlich.

61 001

DEUTSCHE REICHSBAHN
10402
Berlin
2
3
SPEISERAUM

61 001

Nach Berlin

Am 31. Mai 1935 wurde der Henschel-Wegmann-Zug von Kassel nach Berlin gebracht, wo ihn die Versuchsabteilung der Reichsbahn in Grunewald erwartete. Die Aufnahme oben links entstand während der Überführungsfahrt in der Nähe von Berlin. Schon hatten vorsichtige Männer von der Versuchsabteilung die Klappen über der Gleitbahn entfernt, um mit der Kühlung auf dieser ersten Fuhre kein Risiko einzugehen. Bald darauf wurde die Maschine 61001 vor Meßwagen auf dem damaligen Bahnhof von Potsdam abgelichtet; Bild links unten. Wenig später mußte dieser Zug nach Kassel zurückgebracht werden. Man änderte die Lackierung der Lokomotive und gab ihr am 28. Juni 1935 einen breiteren oberen violetten Streifen, wie ihn das Bild oben rechts vorführt. Dann mußte der Zug zur Jubiläumsschau »100 Jahre deutsche Eisenbahnen« nach Nürnberg überstellt werden. Die Aufnahme rechts unten zeigt deshalb die Maschine und den ersten Wagen in Würzburg.

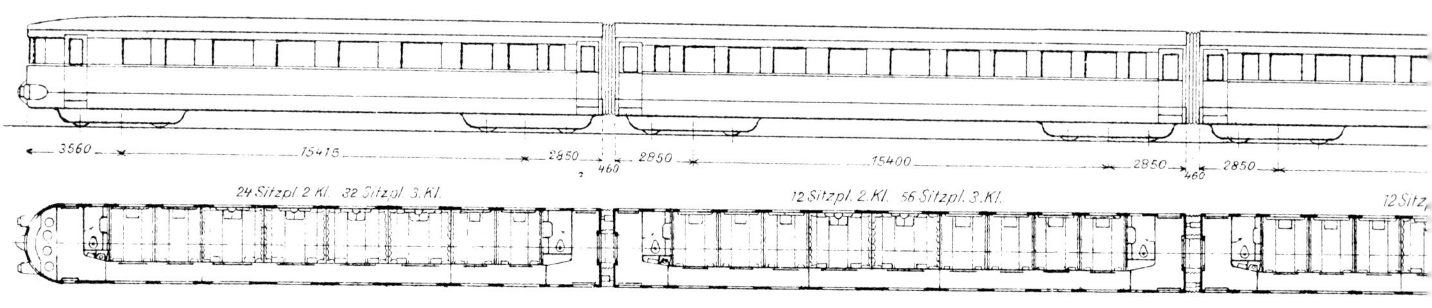
3560
15415
2850
460
2850
15400
2850
460
2850
24 Sitzpl. 2. Kl. 32 Sitzpl. 3. Kl.
12 Sitzpl. 2. Kl. 56 Sitzpl. 3. Kl.

In Nürnberg

Unter den neu erbauten Güterumladehallen an der Allersberger Straße im Nürnberger Süden wurde im Sommer 1935 die Eisenbahn-Jahrhundertausstellung abgehalten. Vom 14. Juli bis zum 13. Oktober 1935 hat die Reichsbahn dort auch den Henschel-Wegmann-Zug mit der Lokomotive 61 001 vorgezeigt. Sie waren im Bild links für den Fotografen noch vor der Halle aufgestellt. Unten eine Skizze des gesamten Zuges aus der Sonderausgabe des »Organs für die Fortschritte des Eisenbahnwesens« vom 1. August 1935, in der damals alle ausgestellten Schienenfahrzeuge beschrieben worden sind.

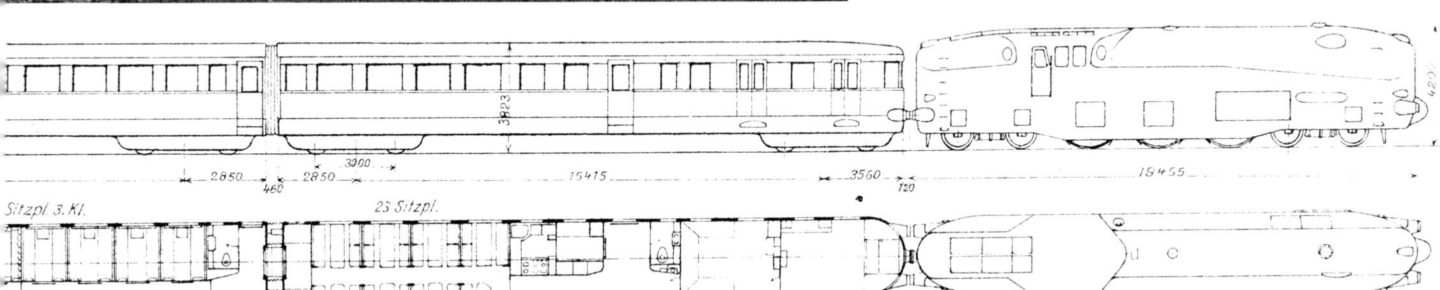

17
Stromlinienzug
mit Dampflokomotive für 170 km Std.

Nürnberger Kaleidoskop

Nach der Nürnberger Jubiläumsschau vom Sommer 1935 (Bild links oben) führte die Deutsche Reichsbahn den Henschel-Wegmann-Zug auch bei der »Jubiläums-Parade« im Dezember 1935 wieder vor. Auf die Generalprobe zu diesem Spektakel am 6. Dezember vor leeren Tribünen (Bild links unten) folgte die eigentliche Parade am Sonntag, dem 8. Dezember 1935, mit großen Menschenmassen auf dem Rangierbahnhof Nürnberg. Reichskanzler Hitler besichtigte dabei auch den Führerstand der Lokomotive 61 001 (Bilder auf dieser Seite). Sie zierte übrigens auch die von Bruno Eyermann entworfene Nürnberger Jubiläumsmedaille.

Tests mit der 61

Man sieht den Gesichtern der Eisenbahner am Führerstand der Maschine 61 001 im Frühjahr 1936 an, wie stolz und angespannt sie bei den Probe- und Versuchsfahrten nach dem Ende der Nürnberger Schau waren. Nun sollte alles schnell gehen, denn mit dem Sommerfahrplan 1936 wollte man den fahrplanmäßigen Dienst aufnehmen. Auf der rechten Seite oben ein Bild aus Hannover. Anläßlich einer der vielen Vorstellungsfahrten hat die Lokomotive 61 001 am 9. November 1935 den Hauptbahnhof Hannover erreicht. Unter den interessierten Beobachtern auf dem Bahnsteig befindet sich in der Bildmitte, unverkennbar mit dem weißen Knebelbart, Baurat Erich Metzeltin. Etwas vor ihm, im dunklen Mantel, steht Friedrich Flemming, Hilfsarbeiter im Lokomotiv-Referat der Hauptverwaltung. Die Aufnahme darunter führt in den Sachsenwald bei Hamburg und zeigt den Henschel-Wegmann-Zug, von Berlin kommend, im Februar 1936.

61 001

Vom Versuch in den Betrieb

Bilder von einer vorletzten Probefahrt am 9. Mai 1936 sind auf dieser Seite zu sehen: Oben die Abreise im Berliner Bahnhof Charlottenburg, unten ein Zwischenhalt in Stendal. Es handelte sich um eine Tour mit vielen prominenten Gästen, denen die Schnellfahrzeuge der Deutschen Reichsbahn vorgestellt werden sollten. Diese Rundfahrt ist bekanntlich am 11. Mai 1936, als die Lok 05 002 den Geschwindigkeits-Weltrekord errang, noch einmal wiederholt worden. Mit Beginn des Sommerfahrplans ab 15. Mai 1936 kam der Henschel-Wegmann-Zug zwischen Berlin Anhalter Bahnhof und Dresden Hauptbahnhof zum Einsatz. Die Fotografien auf der rechten Seite zeigen den Zug in den Vororten (oben) und im Vorfeld des Hauptbahnhofes der sächsischen Metropole (unten). Zweimal täglich fuhr er als D 53/54 und D 57/58 zwischen Elbe und Spree hin und her; kürzeste Reisezeit war 1 Stunde 40 Minuten.

61 001
6
6 Bahnsteig 5

113
3

Lokführer Brade

Bilder aus dem normalen Dienst des Henschel-Wegmann-Zuges soll diese Doppelseite vorstellen. Zuerst, links oben, der Abfahrauftrag für den D 54: Wie hat sich der Aufsichtsbeamte des Bahnhofs Dresden Neustadt in Positur geworfen, als der Zug sich auf den letzten Teil seines Weges nach Dresden begibt! Die Bahnhofsuhr zeigt auf 14.50 Uhr. Darunter ein Winterbild aus Dresden-Pieschen im Jahre 1938. Gerade dampft der morgendliche D 53 auf seiner Fahrt nach Berlin in Richtung Radebeul durch die Station. Im Bild rechts schaut der Reservelokführer Schnorrbusch aus dem Türfenster, neben ihm der unvergessene »Vater Brade«. Dieser Dresdener Oberlokführer am Reglerhebel der Maschine 61 001 beherrscht das Bild darunter vollständig: »Bradesche Bonmots machten lange die Runde unter den Fahrensmänner«, schrieb Karl-Ernst Maedel einmal über den Mann.

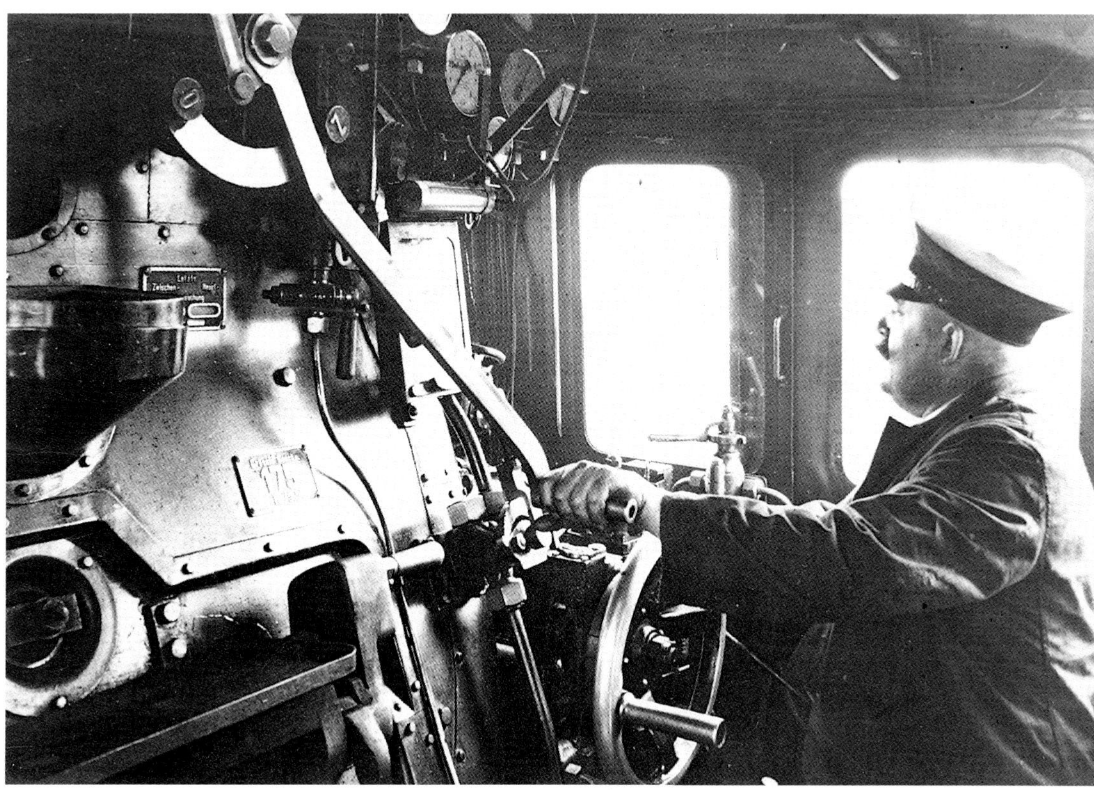

Planmäßig in Berlin

Von 1936 bis 1939 lief der Henschel-Wegmann-Zug im Plandienst zwischen Dresden und Berlin. Die Fahrzeiten auf der 176 km langen Strecke wurden von Fahrplan zu Fahrplan immer wieder leicht verändert, doch blieb es bei zwei Zugpaaren pro Tag. Das große Bild unten zeigt ihn 1938 vor dem Anhalter Bahnhof in Berlin. Rechts oben ist der Stromlinienzug in dieser 1880 eröffneten Halle zu sehen; der Heizer müht sich mit der Verkleidung ab. Darunter ein Schnappschuß auf die Kolonnenbrücke in Berlin-Schöneberg und den in die Reichshauptstadt dampfenden »Henschel-Wegmann« um 1938.

61 001

Einsatz in Dresden

Die Fahrten des Henschel-Wegmann-Zuges im Dresdener Raum hat auch Carl Bellingrodt als Mitarbeiter des Deutschen Lokomotivbild-Archivs für die Nachwelt festgehalten. Unten zeigt er uns den Einsatz als Zug D 57 im Vorfeld des Hauptbahnhofs der Elbestadt. Die Spätnachmittagsverbindung zwischen Dresden und der Reichshauptstadt wurde mit dem Wegmannzug bedient. Hier läuft die Maschine 61 001 einmal mit dem »Tender« voraus. Rechts auf dem Wartegleis steht die sächsische Lokomotive 19 017 aus der Gattung XX HV. Die Bilder auf der rechten Seite führen oben mit dem Zug an den Bahndamm bei Neucoswig, unten an die Elbbrücken in Dresden. In beiden Fällen ist die Morgenverbindung D 53 nach Berlin zum Motiv geworden; alle drei Aufnahmen stammen aus dem Jahre 1936. Im Sommerfahrplan 1939 benötigte der Zug für die 180 Kilometer lange Strecke knappe zwei Stunden.

61 001

61 001

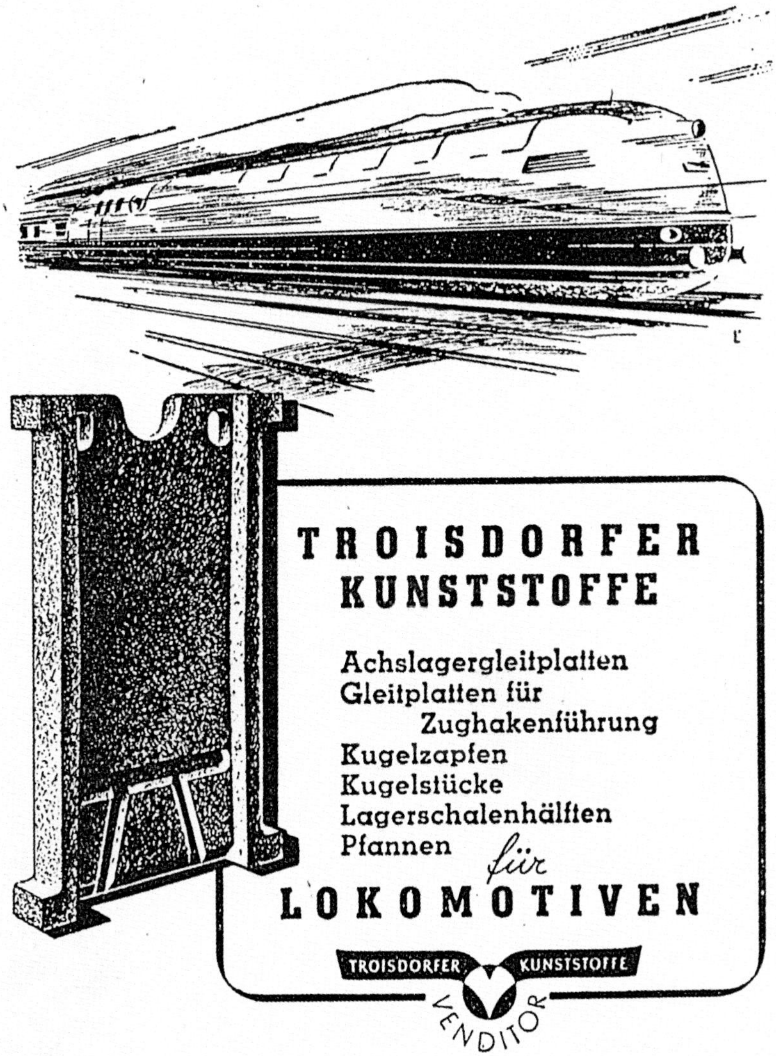

Typenbilder der Lok 61 001

Auf den klassischen »Standardaufnahmen«, die Werner Hubert in Dresden für das Deutsche Lokomotivbild-Archiv angefertigt hat, ist die Änderung des Anstrichs gegenüber der Ablieferung im Mai 1935 gut zu erkennen. Am 28. Juni 1935 wurde der violette Streifen am Kessel breiter auflackiert, um ihn auch von vorn und hinten sichtbar zu machen. Die Maschine wurde am 25. März 1936 in Berlin-Grunewald von der Reichsbahn abgenommen; die Typenbilder links sind 1936 zustande gekommen. Auf dieser Seite oben ein Bild der Maschine im Zustand von 1942: Die Schraubenkupplung, ein grauer Anstrich und Schilder aus Aluminium wurden angebracht, um sie bei Lokmangel im Krieg vor Schnellzügen einsetzen zu können, doch machte man wenig Gebrauch davon. Die Maschine hatte insgesamt enttäuscht, war aber in der Werbung selbst 1950 noch ein brauchbares Symbol für Fortschritt und Tempo, wie die Reklame für Troisdorfer Kunststoffe im Eisenbahnwesen zeigt.

2

Drittes Kapitel
Die Stromlinienloks der Lübeck-Büchener Eisenbahn

Hatte sich der Oberingenieur Georg Heise 1934 bei Henschel & Sohn im Fall der Stromlinienlokomotive 61 001 für den Henschel-Wegmann-Zug durch die Vorstellungen der Deutschen Reichsbahn noch von seinen ursprünglichen Plänen abbringen lassen, so gelang ihm nun bei der Lübeck-Büchener-Eisenbahn – mit deren maschinentechnischem Dezernenten, Baurat Paul Mauck, ihn bestes Einvernehmen verband – auf Grund der anders gelagerten Betriebs- und Verkehrsverhältnisse doch noch die Verwirklichung seines Konzepts vom Triebwagenersatz durch einen leichten, schnellfahrenden Zweikuppler mit angehängtem Gliederzug auf einem Jacobsdrehgestell. Gerade die Einfädelung dieser traditionsreichen Privatbahn in den großen Hamburger Hauptbahnhof erforderte kürzere Wendezeiten am ihr vorbehaltenen Bahnsteig und verlockte dazu, die Fragen des mit hohem Tempo geschobenen Zuges und die Fernsteuerung aus dem führenden Wagen praktisch zu erproben. Wegen ihres grauen Anstrichs haben die mit den Fabriknummern 22 814 und 22 815 von Henschel belegten Lokomotiven im Volksmund den Beinamen »Micki-Maus« erhalten. Kaufpreis 106 680 Reichsmark. Daß es sich dabei zwischen Hamburg und Travemünde über Lübeck wohl um eine Form von Vorortverkehr handelte, die immerhin Doppeldeckwagen und »nur« 120 Stundenkilometer Spitzengeschwindigkeit vorsah, tat der Bedeutung des Versuches von 1936 keinen Abbruch. In Dr. Gerd Düesberg besaß die Bahn darüber hinaus einen Presseagenten, der sein Fach verstand wie kein zweiter, und der Notizen über die Fortschritte mit diesem Zug bei der LBE überall lancierte. Der Erfolg des Experiments war denn auch so groß, daß alsbald noch eine dritte »Micki-Maus« mit der Henschel-Fabriknummer 23 382, weitere sechs Doppeldeckwagen und schicke Blechkleider für fünf ältere T 12-Maschinen angeschafft werden mußten. Doch dann kam Anfang 1938 die Verstaatlichung dieser Privatbahn, und bei der großen Reichsbahn gerieten die sicherlich sehr delikat zu handhabenden Tenderloks bald in Mißkredit. Dennoch bleiben ihr Bau und ihr Einsatz beeindruckende Zeugnisse für Wagemut und Fortschrittsgeist, wie sie auch außerhalb der Staatsbahnverwaltung nicht selten waren. Links die Überführungsfahrt der LBE-Lok 2 im Regen von Kassel nach Lübeck.

Doppelstöckiger Stromlinienzug der Lübeck-Büchener Eisenbahn

Ein historischer Text
Von Adolf Gerteis

Bei der ersten »Gästefahrt« der norddeutschen Privatbahn mit ihren neuen Fahrzeugen für den Schnellverkehr zwischen Hamburg und Lübeck hielt ihr technisches Vorstandsmitglied, Direktor Gerteis, am 7. April 1936 einen Vortrag, den auch einige Radiostationen damals gesendet haben. Die folgenden Auszüge sind dem 1936 von der Bahn vervielfältigten Redemanuskript entnommen.

Bei der Lübeck-Büchener Eisenbahn spielt der Personenverkehr eine größere Rolle als bei der Reichsbahn. 78 Prozent der Zugkilometer sind Reisezüge, 42 Prozent der

Einnahmen stammen aus dem Personenverkehr (1935). Ausschlaggebend ist der Personenverkehr auf der Strecke Hamburg Hbf–Lübeck, im Sommer Hamburg Hbf–Travemünde. Nun ist die Bedienung des Personenverkehrs bekanntlich sehr kostspielig und gibt einen kleinen oder gar keinen Überschuß, oft sogar einen Unterschuß. Die Gestehungskosten müssen deshalb möglichst herabgedrückt werden, aus Gründen des Wettbewerbs muß der Personenverkehr aber möglichst häufig, bequem und schnell bedient werden.

Für die künftige Höchstgeschwindigkeit von 120 km/h auf der Strecke Hamburg–Lübeck wurden durch Verbesserung der Linienführung sämtliche Fahrbeschränkungen von Wandsbek bis Lübeck beseitigt und auch die Sicherungsanlagen für die erhöhte Geschwindigkeit hergerichtet. Die Höchstgeschwindigkeit auf der Strecke Lübeck–Travemünde, die eine besonders ungünstige Linienführung hat, ist auf 85 km/h festgesetzt worden. Mit diesen Geschwindigkeiten werden 40 Minuten Fahrtzeiten erzielt für die Strecke Hamburg–Lübeck, für die Strecke Hamburg–Travemünde mit einem Halt in Lübeck 60 Minuten.

Für diese Höchstgeschwindigkeiten wurde die Linienführung an vielen Stellen verbessert; auf fast allen Bahnhöfen von Wandsbek bis Travemünde wurden die Weichenstraßen der Ein- und Ausfahrten durch solche mit großen Halbmessern ersetzt. Ferner wurde von Hamburg bis Lübeck das dreibegriffige Vorsignal eingeführt und der Abstand des Vorsignals vom Hauptsignal von 700 m auf 1000 m vergrößert, um den erforderlichen Bremsweg auch bei der höheren Geschwindigkeit sicher zur Verfügung zu haben. Die Strecke Lübeck–Travemünde wurde mit elektrischer Streckenblockung ausgerüstet, die Ausfahrsignale der Bahnhöfe durch Vorsignale ergänzt. Alle diese Arbeiten werden nach zehnmonatiger Bauzeit bis zum Beginn des Sommers fertig sein. Sie erfordern einen Aufwand von 650000 Reichsmark.

Nach einem *Entwurf und Modellversuchen der Lübeck-Büchener Eisenbahn* wurde von den Firmen Linke-Hofmann in Breslau und Wumag in Görlitz gemeinsam eine Wagenkonstruktion entwickelt, die das Höchstmaß an Fassungsvermögen und Wirtschaftlichkeit darstellt. Der Doppelwagen besteht aus zwei Wagenhälften mit je einem zweiachsigen Drehgestell Bauart Görlitz an den Stirnenden und einem gemeinsamen zweiachsigen Gelenkdrehgestell für beide Wagenhälften in der Mitte. Der Wagen überschreitet an keiner Stelle die zugelassene Begrenzungslinie; Tunnel und Brücken bilden kein Hindernis für ihn. Dadurch konnten im Doppelwagen, der über die Puffer nur 46,14 m mißt, 258 Sitzplätze 3. Klasse und 42 Sitzplätze 2. Klasse in zwei gleichwertigen Stockwerken gut untergebracht werden. Das Leergewicht des Wagens beträgt 71 t, das sind 237 kg je Platz. Ein Zug gleichen Fassungsvermögens aus Abteil- oder Durchgangswagen würde doppelt so schwer sein. Die Vorteile dieser Gewichts- und Längenersparnis liegen auf der Hand.

Durch vier Schiebetüren, die zwei Reisende gleichzeitig das Einsteigen gestatten, betritt man eine Plattform, die soweit abgesenkt ist, daß man vom Bahnsteig bequem einsteigen kann. Von der Plattform führt an beiden Seiten je eine Treppe mit vier bequemen Stufen in das untere Stockwerk, in der Mitte eine Treppe von doppelter Breite mit sieben Stufen in das obere Stockwerk. Die Fahrgasträume sind in beiden Stockwerken 192 cm hoch, so daß auch große Menschen aufrecht stehen können. Die gepolsterten Bänke in der 3. Klasse mit fünf Sitzen in einer Reihe bieten angenehme Sitzplätze, vor allem kann man die Beine ungehindert ausstrecken.

Die Fenster sind breit, lassen sich aber nicht öffnen. Es ist erfahrungsgemäß nicht möglich, bei schneller Fahrt große Räume durch Öffnen der Fenster zu lüften. Die Lüftung wurde deshalb in neuer Form geregelt. Durch Einlaßschieber in den Fenstersäulen wird unter Zusatz von Frischluft dauernd Luft eingepreßt, so daß die Luft im Wagen sich in der Stunde zwölfmal erneuert. Während der Abstellung der Wagen wird im Sommer außerdem gekühlte Luft aus besonders ortsfesten Anlagen eingepumpt. Die Wagen kommen dann unterkühlt an den Bahnsteig. An heißen Tagen werden sie noch dadurch kühl gehalten, daß die während der Fahrt eingepreßte Luft an einem Kühler vorbeigeführt wird. Ebenso werden die Wagen im Winter geheizt, indem die eingepreßte Luft an einem Wärmeaustauscher vorbeigeleitet wird. Großer Wert wurde auf gute Beleuchtung gelegt. Die Wagen haben Stromlinienform, Scharfenberg-Mittelkupplung und Hildebrand-Knorr-Personenzugbremse.

Der Zug findet in seiner äußeren Farbgebung und in seiner inneren Ausstattung nach Form, Stoff und Farbe besonderen Beifall. Die künstlerische Beratung hierbei besorgte Frau Architekt Bertsch-Kampferseck, Berlin, die lange Zeit als Innenarchitektin der Mitropa Erfahrungen zur glücklichen Lösung dieser schwierigen und völlig neuen Aufgabe sammeln konnte.

Die Unterkante des Wagenkastens liegt nur 20 cm über Schienenoberkante, die Hauptkonstruktionsteile liegen in der unteren Hälfte des Wagens. Daher ist der Schwerpunkt beim unbelasteten Wagen kaum höher als bei einem D-Zugwagen; beim besetzten Wagen liegt er um 18 cm höher, was praktisch keinen Unterschied bedeutet.

Die Stirnenden der Einheit haben Führerstände. Vom Stand am Kopfe des Zuges bedient der Lokführer, wenn der Zug geschoben wird, mit *elektrischer Fernsteuerung* nach dem System von H. Becker, Berlin, den Dampfregler der Lokomotive. Der Heizer befindet sich dann allein auf der Lokomotive und bedient die Steuerung und das Feuer. Klingel und Lautsprecher zwischen Führerstand und Lokomotive ergänzen die Anlage. Der Zug wird mit diesen Einrichtungen wie ein Triebwagen gefahren, die Wendezeiten auf einem Endbahnhof lassen sich dadurch bis auf vier Minuten verkürzen.

Der Lokomotivbau mußte eine den besonderen Verhältnissen angepaßte *Schnellzuglokomotive* entwickeln, die im Vorwärts- und Rückwärtsgang eine Wageneinheit mit 120 km/h, zwei Einheiten mit 90 km/h, befördert. Ferner sollte die Lokomotive Wasser für 180 km mit sich führen, um gegebenenfalls die Strecke Hamburg–Travemünde und zurück ohne Betriebsaufenthalt durchfahren zu können. Die von der Firma Henschel & Sohn A.G. in Kassel erbaute Schnellzugtenderlokomotive erfüllt diese Anforderungen. Durch die geringen Abmessungen der Lokomotive wird die Wirtschaftlichkeit des neuen Verkehrsmittels sinnfällig gemacht.

Die Wageneinheiten können in größerer Zahl gekuppelt werden, damit vermehrter Andrang aufgenommen werden kann. Vier zusammengeschlossene Einheiten mit 1200 Sitzplätzen haben einschließlich Verkehrslast erst ein Gewicht von 380 t, das von den großen Schnellzuglokomotiven der Lübeck-Büchener Eisenbahn mit 110 km/h leicht befördert werden kann. Der Zug ist dann nur 200 m lang.

Im Endzustand wird die Lübeck-Büchener Eisenbahn, wenn die beiden zunächst beschafften Einheiten die Erwartungen erfüllen, den Verkehr von Hamburg bis Ahrensburg, den zwischenstädtischen Verkehr von Hamburg nach Lübeck und Travemünde und möglichst viele Ausflugzüge von Hamburg und Lübeck nach Travemünde mit doppelstöckigen Zügen bedienen. Es werden dann im Binnenverkehr Hamburg–Travemünde werktags zwei Drittel, sonntags die Hälfte aller Züge auf den Schnellverkehr umgestellt werden.

Hauptabmessungen der LBE-Loks 1 und 2

Größte Geschwindigkeit	120 km/h
Zylinderdurchmesser	400 mm
Kolbenhub	660 mm
Treibraddurchmesser	1980 mm
Laufraddurchmesser	1000 mm
Gesamtachsstand	8750 mm
Reibungsgewicht	36,5 t
Leergewicht	52,2 t
Dienstgewicht	69,0 t
Kesseldruck	16 kg/cm^2
Rostfläche	1,4 m^2
Verdampfungsheizfläche	75,4 m^2
Überhitzerheizfläche	26,0 m^2
Wasservorrat	10,0 m^3
Kohlenvorrat	3,5 t

Übersicht der Lokomotiven 1 und 2 für die Lübeck-Büchener Eisenbahn aus der Zeitschrift »Der Deutsche Techniker« vom Juli 1936.

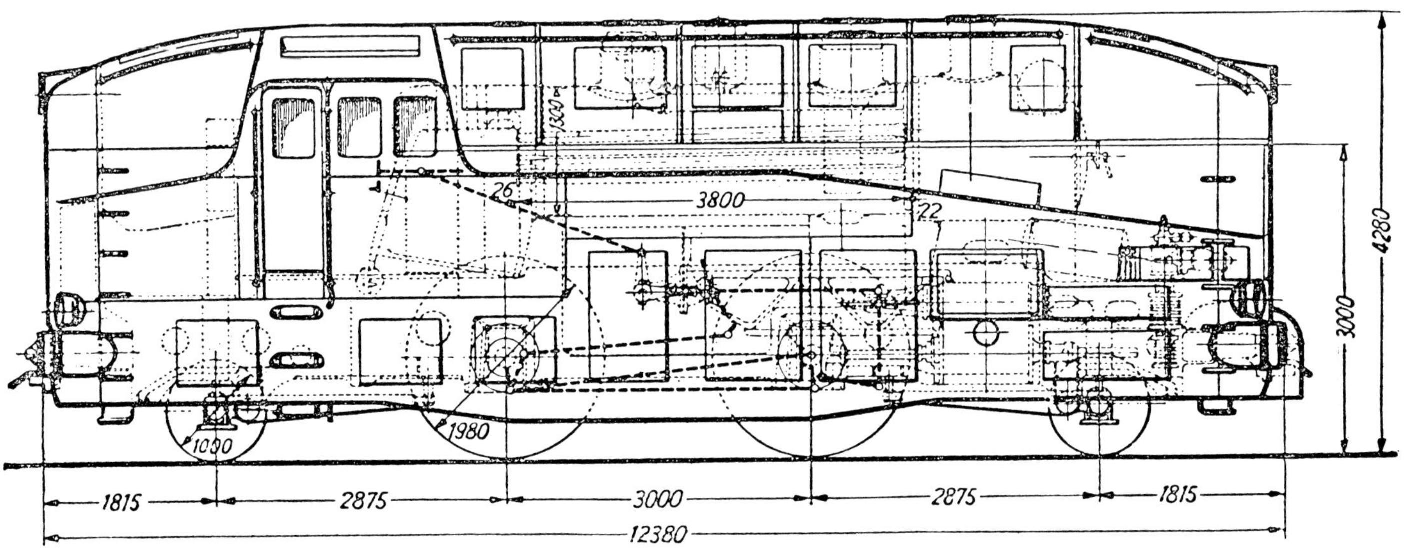

HENSCHEL 7155g

Der Stromlinien-Dampfzug der Lübeck-Büchener-Eisenbahngesellschaft hat folgende Knorr-Ausrüstungen:

Stromlinien-Dampflokomotive

Knorr-Druckluftbremse für schnellste Lokomotiven Kssbr mit geschwindigkeitsabhängiger Abbremsung durch Fliehkraftregler.

Zweistufige Luftpumpe Bauart Knorr zum Erzeugen der Druckluft für die Bremsen.

Knorr-Vorwärmanlage zum Erwärmen des Kesselspeisewassers auf 100° C durch Abdampf, bestehend aus Oberflächen-Vorwärmer, Kesselspeise-Verbundpumpe mit Tolkiensteuerung und Schwimmerstoßdämpfer.

Kesselsicherheitsventil Bauart Ackermann.

Doppelstockwagen „Lübeck"

Hildebrand-Knorr-Druckluftbremse Hik p mit Steuerventil Hik pf,
mit selbsttätiger Lastabbremsung, die die Bremskraft der Personenlast angleicht, mit Leichtbremszylindern aus Stahl, auf Klotzbremsen arbeitend.

Die Betätigung der Bremse kann von der Lokomotive sowie vom Steuerstand am Stirnende des Wagens aus erfolgen.

Dieser moderne Stromlinien-Dampfzug zeigt in seiner Bremsausrüstung den vollkommensten Stand einer neuzeitlichen Hildebrand-Knorr-Bremse.

KNORR-BREMSE A-G BERLIN

Vom Bau der beiden Tenderloks

Aufschlußreiche Einblicke unter das Blechkleid der Lübeck-Büchener Stromlinien-Tenderlok bietet das Bild aus den Kasseler Werkshallen links oben, entstanden Anfang 1936. Merkwürdig kantig ist der Lüfteraufsatz des Führerhausdaches ausgefallen; die Stromschale selbst mutet wie eine spielzeughaft verkürzte 61 001 an. Das verwundert nicht, denn beide Typen hat Georg Heise bei Henschel konstruktiv bearbeitet. Darunter ein Blick in den Führerstand der LBE-Lok mit dem elektrischen Stellmotor nebst Kette für die Fernsteuerung des Reglers aus dem geschobenen Zug. Ein Heizer mußte aber auf der Lokomotive bleiben, der auch die Steuerung der Dampfmaschine zu bedienen hatte. Die Anzeige aus der Zeitschrift »Verkehrstechnik« vom 5. Mai 1936 (rechts) stellt die vielfältige Bremseinrichtung von Lokomotive und Zug der norddeutschen Privatbahn vor.

2
7155 a

2

Lokomotive Nr. 2

Wegen ihrer besonderen Bedeutung im Modernisierungsprogramm der LBE wurden die beiden neuen Maschinen 1936 an die Spitze des Nummernplanes gesetzt. Auffallend ist auch das Gattungszeichen St24.18. Die beiden Bilder links zeigen sie in Kassel und Lübeck. Das kleine Bild berichtet von der Probefahrt der LBE-Lok 1 mit dem Doppeldeck-Stromlinienzug im Frühjahr 1936. Unten eine Übersichtszeichnung der von Linke-Hofmann und Wumag Görlitz gemeinsam entwickelten und 1936 in zwei Exemplaren gelieferten Bauart, leicht erkenntlich an den großen Stirnfenstern.

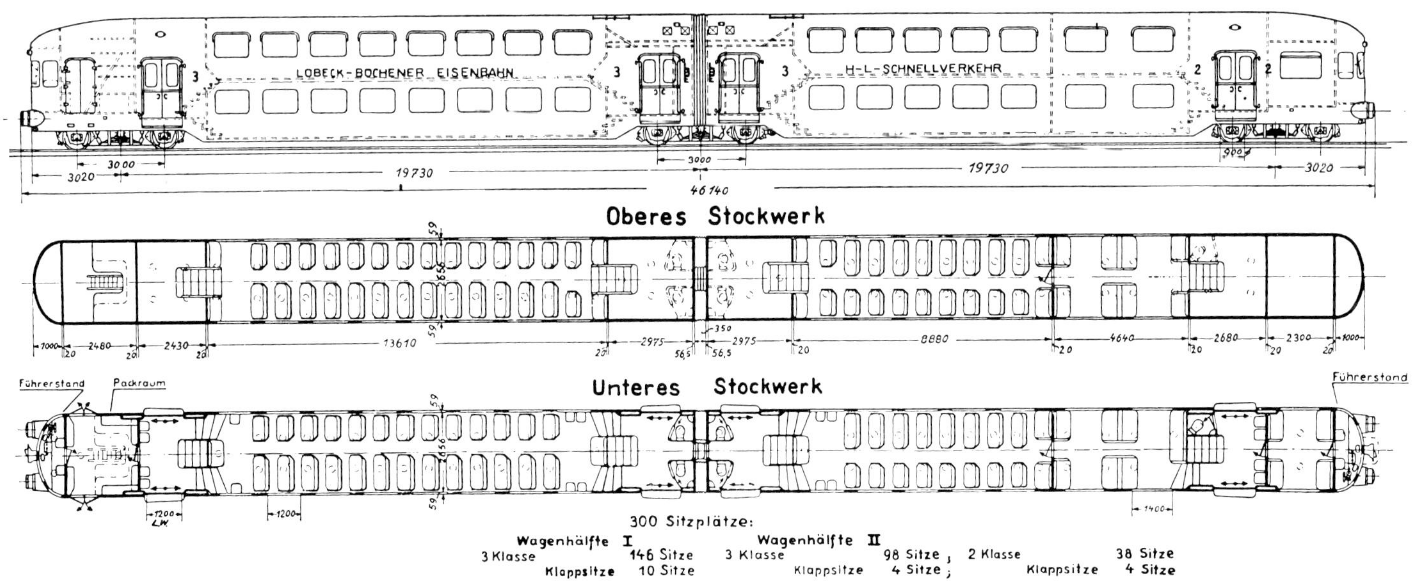

H-L-Schnellverkehr

Für das Deutsche Lokomotivbild-Archiv hat Werner Hubert im Jahre 1938 die Typenfotos der Lokomotive 1 (oben) und des zugehörigen Doppelstockwagens (unten) in Hasselbrook aufgenommen. Der Ausriß aus einer nicht näher bekannten Illustrierten Zeitung des Jahres 1936 (rechts) übermittelt Abbildungen der Kastenbeschriftung, des Treppenhauses und des Führerstands. Neben dem Zug steht Baurat Paul Mauck, maschinentechnischer Dezernent der LBE. Auf seinen Ideen beruhte der Entwurf des Zuges.

EIN NEUER Stromlinien DAMPFZUG

Der 3. Klasse-Wagen des Stromlinienzuges. Es ist deutlich erkennbar, daß die Karosserie des Eisenbahnfahrzeuges über das übliche Maß unmittelbar über den Schienen liegt.

Die Lübeck—Büchener Eisenbahn setzt für den Schnellverkehr zwischen Hamburg und Lübeck sowie für den Ausflugsverkehr nach Travemünde einen neuartigen Stromlinien-Dampfzug ein, dessen Personenwagen ein Ober- und Untergeschoß haben. Ohne die dazugehörige Henschel-Stromlinien-Dampflokomotive hat die Zugeinheit eine Länge von 46 m und bietet 300 Passagieren Sitzplätze. Der Zug erreicht eine Geschwindigkeit von 120 Stdkm. und wird von der Lokomotive entweder gezogen oder geschoben. Eine elektrische Fernsteuerung ermöglicht es, die dann am Schluß laufende Lokomotive vom Führerstand des vorderen Wagens aus zu bedienen.

Vom Wageninnern führt eine breite Treppe zum Obergeschoß

Aufn. Heinrich Hoffmann (3)

Der zweistöckige Eisenbahnzug der Lübeck—Büchener Eisenbahn. Vorn der Führerstand. Neben dem Stromlinienzug der Konstrukteur des neuartigen Fahrzeuges, Baurat Mauck

Stromlinie von Hamburg nach Lübeck

Die Landkarte zeigt das Streckennetz der LBE im Jahre 1936. Zur Premiere des H-L-Schnellverkehrs und zur Vorstellung ihres neuen Zugangebotes zwischen Hamburg und Lübeck ließ die Bahngesellschaft im voraus Aufnahmen anfertigen und wenige Tage vor dem 7. April 1936 an die Presse geben, um so das rechtzeitige Erscheinen von Fotos sicherzustellen. Links unten die Lok 1 im Lübecker Hauptbahnhof, rechts oben die entsprechende Szene vom Premierentag in Hamburg. Darunter noch einmal der grün bekränzte LBE-Zug neben einer Dampflokomotive der Gattung T 18 in Hamburg am Hauptbahnhof. So machte man den Gegensatz »alte und neue Zeit« auch fotografisch eindringlich spürbar.

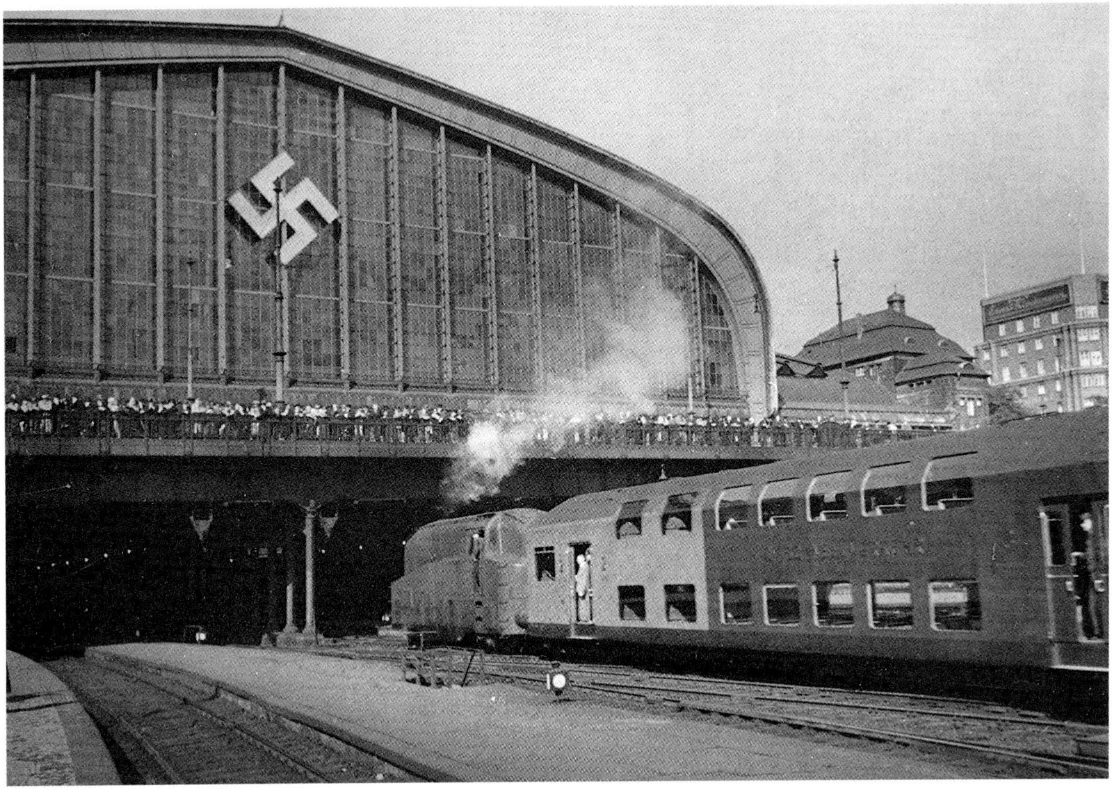

Hamburg Hbf
LÜBECK-BÜCHENER EISENBAHN

Betriebseinsatz im Schnellverkehr

Der bekannte Hamburger Fotograf Hans Hartz hat 1936 eine Reihe von Ansichtskartenbildern auf dem Hauptbahnhof der Hansestadt angefertigt; ihm verdanken wir die Aufnahmen der linken Seite. Oben eine detailreiche Studie vom südöstlichen Gleisvorfeld mit dem ausfahrenden LBE-Doppeldecker vor schiebender Lokomotive. Der Anstrich des Wagenkastens war im Bereich der 3. Klasse grau, um die 2. Klasse herum aber ockergelb gehalten. Nicht unerwähnt sollen auch die roten Lederpolster in der 3. Wagenklasse und die »orangefarbenen, dunkel getupften« Plüschsitze in der 2. Klasse bleiben. Darunter das Bild eines H-L-Schnellzugs nach Travemünde in der Hamburger Bahnsteighalle. Die Aufnahme auf dieser Seite ist kein Beweis einer Falschfahrt auf dem linken Gleis, sondern ein Dokument für den ersten erfolgreichen Wendezugverkehr auf deutschen Bahnen: Die Lokomotive 2 schiebt ihren Doppeldeckerzug in Richtung Lübeck und Travemünde am Westfalenweg durch Hamburg, links die Stadtbahngleise der elektrischen Bahn Blankenese–Ohlsdorf, mit der Wechselstrom-Oberleitung.

3

3

Eine stärkere »Micki-Maus-Lokomotive«

Der große Erfolg des H-L-Schnellverkehrs bewog die Lübeck-Büchener Eisenbahn noch 1936, bei der Industrie sechs weitere Doppelstockzüge und eine zusätzliche 1 B 1-Tenderlok zu bestellen. Die wieder von Henschel unter der Fabriknummer 23382 gebaute Lokomotive Nr. 3 kostete 119733 Reichsmark (Bild links oben). Sie sollte etwas größere Vorräte und eine höhere Leistung aufweisen, um ohne Schwierigkeiten zwei Doppeldeckergarnituren zu befördern (Bild links unten) Sie wurde im März 1937, noch kurz vor der Verstaatlichung, geliefert. Die neuen Doppeldecker waren leicht an den kleineren Frontscheiben zu erkennen, denn die großen gebogenen Sekurit-Fenster der Erstlieferung benötigten umständliche Fensterwischer und Heizscheiben. Nun konnte man auf Bauteile aus der Automobilindustrie zurückgreifen. Doch schon am Silvestertag des Jahres 1937 war die Privatbahnzeit in Lübeck vorüber; das amtliche Organ »Die Reichsbahn« schrieb dazu: »Die Lübeck-Büchener Eisenbahn geht am 1. Januar 1938 in das Eigentum des Reiches über. Sie wird damit ein Teil des Reichseisenbahnvermögens. Die Strecken der Lübeck-Büchener Eisenbahn werden der Reichsbahndirektion Schwerin eingegliedert, mit Ausnahme der Strecke Hamburg–Bad Oldesloe, die dem Bezirk der Reichsbahndirektion Hamburg zugeteilt wird.« Die Aufnahme unten zeigt 1938 bereits die neue Wagenkastenanschrift.

60001

Reichsbahn und LBE

Mit der Übernahme der Lübeck-Büchener Eisenbahn in das Netz der Deutschen Reichsbahn wurden die drei »Micki-Maus-Loks« mit den neuen Betriebsnummern 61 001 bis 003 belegt. Die Bilder links, 1939 von Ernst Schörner eingefangen, zeigen die Maschine 61 001 sogar mit dem Hoheitszeichen am Führerhaus. Oben die dampfende Abfahrt unter der Steindammbrücke vor dem Hamburger Hauptbahnhof, unten die Vorbeifahrt des ehemaligen LBE-Zuges an der Altmannstraßen-Brücke. Das große Bild rechts ist von dieser Brücke herab gesehen; es zeigt den Einsatz von zwei Doppelstock-Einheiten mit einer speziell verkleideten Dampflok der Gattung T 12 im Vorortdienst an dem mit einem Hakenkreuz dekorierten Bauwerk von 1906. Mehr über die eigentümliche Maschine auf der nächsten Seite.

Stromlinie für Vorortzüge

Zu den Besonderheiten des Betriebsdienstes bei der LBE gehörten ein starker Wochenendverkehr zwischen Hamburg und der Ostsee einerseits sowie ein kräftiger Arbeiterverkehr nach und von Hamburg an den Werktagen andererseits. Man entschloß sich deshalb 1936 bei der Bestellung der sechs zusätzlichen Doppeldecker, diese unter der Woche im Vorortverkehr bis Ahrensburg in einem verdichteten Fahrplan laufen zu lassen. Neue Triebfahrzeuge wurden – außer der Lok Nummer 3 – nicht benötigt: Man verkleidete vielmehr die fünf jüngsten 1C-Heißdampfloks der Gattung T 12 aus den Baujahren 1920 und 1923 in eigener Werkstatt flott nach dem Muster der »Micki-Mäuse«, obwohl sie nur 90 km/h Höchstgeschwindigkeit erreichten. Auch die Regler-Fernbedienung für einen Wendezugbetrieb wurde installiert. Im Bild unten ist die so neu eingehüllte Lok Nummer 142 dargestellt. Sie war 1923 von Linke-Hofmann geliefert worden und erhielt 1939 die Reichsbahn-Nummer 74 1321; das Bild rechts oben zeigt sie zum Vergleich im Lieferzustand ohne Stromschale. Das Schema in der Mitte der rechten Seite zeigt, daß Führerhaus und Kohlenkasten neu gebaut wurden. Das Triebwerk blieb offen. Den Abschluß bildet ein Postkartenbild von 1937 von dem Landbahnhof Bargteheide, als der Doppelstockzug noch die Anschrift »H-L-Schnellverkehr« getragen hat. Über einen weiteren Versuch der Lübeck-Büchener Bahn, ihren Betrieb mit Stromlinie und Dampfmotorantrieb in Form der Lokomotive 77 1001 zu modernisieren, wird auf Seite 201 berichtet. Leider ist diese Maschine nicht mehr fertig geworden.

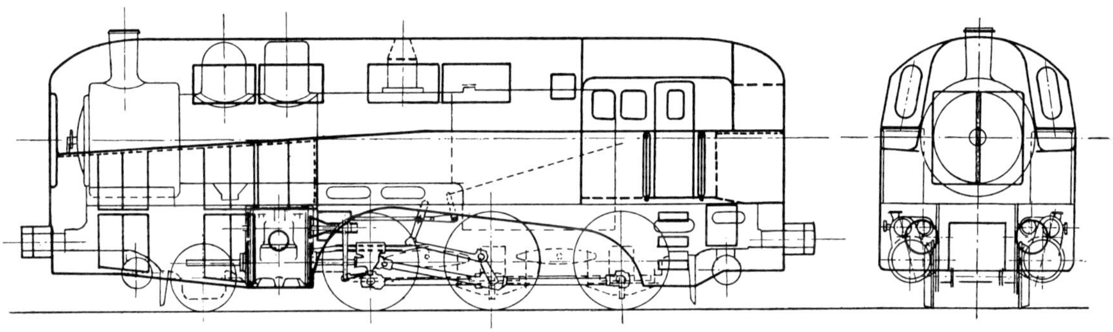

WUMAG
2599 o

Viertes Kapitel Über das internationale Stromlinien-Fieber

Solche atemberaubenden Lokomotiv-Wettrennen wie im England der dreißiger Jahre, über die im Vorwort bereits andeutungsweise berichtet worden ist, hat es im Deutschen Reich in der Epoche zwischen der Wirtschaftskrise 1929 und dem Kriegsbeginn von 1939 nicht gegeben. Die Deutsche Reichsbahn hatte das Monopol im Schienenfernverkehr, aber sie mußte sich in jenen Jahren der wachsenden Konkurrenz des Flugzeugs und des Kraftwagens erwehren. Natürlich war die Luftreise nur für wenige Menschen in Deutschland damals ein echtes Angebot, doch andererseits verlockte sie gerade die Fahrgäste, denen die Reichsbahn mit ihrem Schnellverkehr etwas bieten wollte. Deshalb war man stolz darauf, wenn der »Schienenzeppelin« wenigstens einmal zwischen Hamburg und Berlin dem ihn 1931 verfolgenden Heinkel-Flugzeug voraneilen konnte. Kurz danach kam der Diesel-Schnelltriebwagen mit dem Beinamen »Fliegender Hamburger« heraus, den wiederum die Gruppe der »Dampfleute« bei der Reichsbahn als Bedrohung empfand. Die zeitgenössische Karikatur auf Seite 32 sagt dazu mehr als viele Worte. Nach der Machtübergabe an Hitler im Jahre 1933 betrieb die Reichsbahn sogar auftragsweise den Bau der Reichsautobahnen und plante auf den ersten Betonpisten einen Liniendienst mit stromlinienförmigen Autobussen. Die Eisenbahn grub sich damit selbst das Wasser ab. Als in den letzten »Friedensjahren« der windschlüpfrige Volkswagen für den kleinen Mann vorgestellt wurde, läutete dies auch schon den Abschied von der Eisenbahn als einzigem Massenverkehrsmittel ein. Die stromlinienförmigen deutschen Rennwagen und Flugzeuge waren 1936, im Jahr der Olympischen Spiele zu Berlin, wenigsten so populär wie das halbe Dutzend der vorhandenen Reichsbahn-Stromlinienlokomotiven. In anderen Ländern war es kaum anders. Zwar lieferten sich in England, Frankreich und den Vereinigten Staaten die verschiedenen Privatbahnen heftige Wettbewerbe um die kürzesten Reisezeiten, doch auch dort ging es zugleich – wie bei den übrigen Bahnen jener Jahre mit Stromlinienloks – um ein möglichst schnittiges und werbewirksames Aussehen. Oft wurden herkömmliche Dampflokomotiven mit einer vom Designer entworfenen Stromschale überformt, selbst wenn sie einer solchen Karosse aus technischen Gründen nicht bedurften: Das begann bei der deutschen »Ersatzlok« mit der Betriebsnummer 03 193 und den schon gezeigten lahmen Tenderloks der Lübeck-Büchener Eisenbahn, und es erstreckte sich über die braven Lokomotiven für den »East Anglian« bei der ruhmreichen LNER-Bahn bis zu dem vielfältigen Repertoire amerikanischer und asiatischer »Streamliner«. Überall war es nicht (nur) die Ersparnis an Leistung im Schnellverkehr, sondern (auch) der Gewinn von Ansehen, der zur Wahl einer Stromlinienform für Eisenbahnfahrzeuge bewogen hat. Links die eigenwillige Stirnpartie des sagenhaften »Fliegenden Hamburgers« im Herbst 1932.

Der neue Schnelltriebwagen der Deutschen Reichsbahn

Ein historischer Text
Von Karl A. Müller

Die Entwicklung der Reichsbahn-Stromlinienlokomotiven ist getrennt von der Baugeschichte der Diesel-Schnelltriebwagen nur schwer zu verstehen. Deshalb steht hier ein

Kurzbericht aus der Zeitschrift »Verkehrstechnik« vom 20. Januar 1933 (Seite 26) über den »Fliegenden Hamburger«. Sein Verfasser, Dr.-Ing. Müller aus Berlin, hatte schon an den Schnellfahrversuchen auf der Militärbahn anno 1904 teilgenommen.

Am 29. Dezember 1932 hatte der Generaldirektor der Deutschen Reichsbahn-Gesellschaft, Dr.-Ing. E.h. Dorpmüller, Vertreter der Behörden, der Industrie und der Wirtschaft zu einer Probefahrt mit dem neuen Schnelltriebwagen auf der Strecke Berlin–Hamburg und zurück geladen. Der von der Waggon- und Maschinenbau A.-G. (Wumag) in Görlitz zusammen mit der Maybach-Motorenbau G.m.b.H. und den Siemens-Schuckert-Werken entworfene und gebaute Triebwagensatz besteht aus zwei in der Mitte kurz gekuppelten Wagenhälften, die an der Kupplungsstelle auf einem zweiachsigen Jakobs-Drehgestell ruhen. Beide Wagenhälften bilden eine Zugeinheit von rd. 42 m Länge, die sich aus zwei völlig selbständigen Teilen zusammensetzt und an beiden Enden einen Führerstand besitzt, so daß der Wagen, ohne auf einer Drehscheibe oder Schleife zu wenden, in jeder Richtung gefahren werden kann.

Der Triebwagensatz bietet insgesamt für 102 Fahrgäste 2. Klasse Sitzgelegenheit und ist zur einen Hälfte als Raucher-, zur anderen als Nichtraucherabteil ausgebildet; beide Hälften sind durch Faltenbalg miteinander verbunden. Die Sitzplätze sind zu beiden Seiten eines durchlaufenden Ganges so angeordnet, daß auf der einen Seite an der Fensterwand je ein Sitzplatz, auf der anderen je drei einander gegenüber vorhanden sind.

Die Wagenkasten sind im Spantenbau mit tragenden Seitenwänden ausgeführt und haben weder Zug- noch Stoßvorrichtungen. Um im Bedarfsfalle abgeschleppt werden zu können, hat der Triebwagensatz an jedem Kopfende eine Öse, in die eine im Wagen mitgeführte Kuppelstange eingesetzt werden kann, die in den Zughaken des abschleppenden Fahrzeugs eingehängt wird. Anstelle von Puffern hat der Triebwagensatz an jedem Kopfende zwei seitlich herausragende Kopfstücke, die mit Gummipuffern in Form von Halbzylindern gepolstert sind, um Beschädigungen der sehr leicht gebauten Wagen beim Rangieren zu vermeiden. Die äußere Form des Wagenkastens wurde durch Versuche im Windkanal des Zeppelin-Luftschiffbaues gefunden. Die Wagenenden sind im Grundriß stark abgerundet, die Wagendecke ist an den Enden weit hinuntergezogen und der Raum unter den Wagenkästen ist durch tief herabgeführte Blechschürzen verkleidet.

Die Wagenkasten ruhen an den Kopfenden auf je einem zweiachsigen Drehgestell mit einem Radstand von 3500 mm; an der Kupplungsstelle ruhen sie auf einem gemeinsamen zweiachsigen Jakobs-Drehgestell von gleichfalls 3500 mm Radstand.

Der Antrieb des Schnelltriebwagens erfolgt durch zwei 410-PS-12-Zyl.-Dieselmotoren mit 150 mm Zylinderdurchmesser und 200 mm Hub, mit einem Gewicht von

Übersichten zum Propellerwagen der Flugbahn-Gesellschaft vom September 1929, heute als »Schienenzeppelin« bekannt.

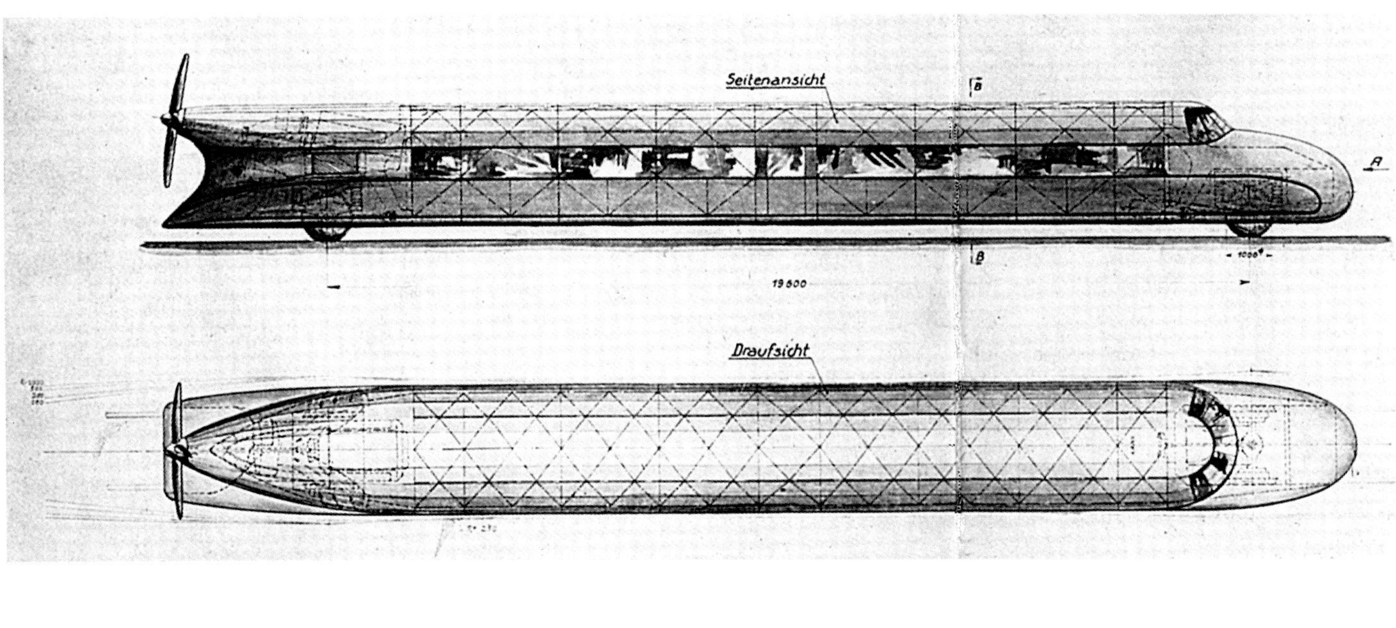

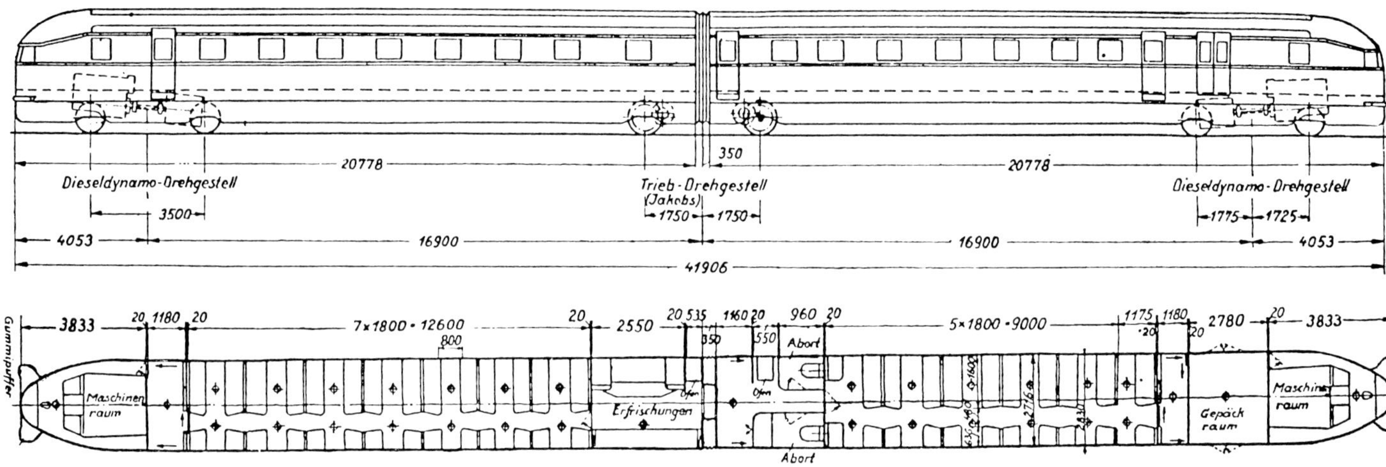

Übersicht zum Diesel-Schnelltriebwagen Nr. 877 der Deutschen Reichsbahn aus dem Jahre 1932, heute bekannt als »Fliegender Hamburger«.

2030 kg oder 4,7 kg je PS. Jeder Dieselmotor kann einzeln von jedem Führerstand aus angelassen werden. Die Motoren werden durch Kühlwasserpumpen gegen übermäßige Erwärmung geschützt; das erwähnte Kühlwasser wird in einer unterhalb des Wagenfußbodens aufgehängten Kühlanlage rückgekühlt. Die Bedienung des Dieselmotors durch den Führer ist sehr einfach und erfolgt mit Hilfe einer elektrischen Fernsteuerung durch Veränderung der Motordrehzahl. Wird bei Leistungsüberschuß die vom Führer eingestellte Drehzahl überschritten, so wird von der Brennstoffpumpe durch einen selbständig wirkenden Regler weniger Brennstoff in den Zylinder eingespritzt. Der Brennstoff wird in Behältern mitgeführt, die für einen Fahrbereich von rd. 2000 km ausreichen.

Jeder Dieselmotor ist mit einem Stromerzeuger gekuppelt, dessen Strom unmittelbar jedem der beiden Fahrmotoren zugeleitet wird, die in dem gemeinsamen Jakobs-Drehgestell untergebracht sind. Die beiden Maschinenanlagen (Dieselmotor, Stromerzeuger, Fahrmotor) sind voneinander völlig unabhängig, so daß der Triebwagensatz auch bei Stillsetzung eines einzelnen Maschinensatzes betriebsfähig bleibt und dabei auf der Waagerechten noch mit einer Geschwindigkeit von 120 km/h gefahren werden kann. Die elektrische Schaltung wurde nach dem Gebus-System ausgeführt. Der Stromerzeuger besitzt eine an den Ankerbürsten liegende Nebenschlußfeldwicklung; eine im gleichen Sinn wirkende vom Hauptstrom durchflossene Feldwicklung erregt sich selbst und arbeitet mit schwacher magnetischer Sättigung.

Um Unfälle bei Dienstunfähigkeit des Triebwagenführers möglichst auszuschließen, ist eine Sicherheitsfahrschaltung eingebaut, die anspringt, wenn der Führer die Totmann-Kurbel oder einen Fußhebel auf dem Führerstande losläßt. Der Triebwagensatz ist mit der schnell wirkenden selbsttätigen Einkammer-Luftdruckbremse (Bauart Knorr) ausgerüstet. Für die Bremsung werden besondere Bremsbacken mit Belägen aus künstlichen Reibstoffen verwendet, die auf Bremstrommeln wirken, die an den Radsternen angebracht sind. Außerdem ist eine elektromagnetische Schienenbremse vorhanden, die aber nur als zusätzliche Gefahrenbremse Anwendung finden soll. Mit Rücksicht auf die hohe Fahrgeschwindigkeit des Schnelltriebwagens mußte der Abstand der Vorsignale von den Hauptsignalen von 700 auf 1200 m erweitert werden. Der Bremsweg von 1200 m kann auch bei der zugelassenen Höchstgeschwindigkeit von 160 km/h ohne Schwierigkeiten eingehalten werden.

Anläßlich der Probefahrten des neuen Schnelltriebwagens ist die Frage aufgeworfen worden, ob damit das Ende der Dampflokomotive in sichtbare Nähe gerückt sei. Der Generaldirektor der Deutschen Reichsbahn-Gesellschaft, Dr. Dorpmüller, hat darauf geantwortet, daß auch in Zukunft die Dampflokomotive noch Aufgaben zu erfüllen haben werde, die – mit Ausnahme der elektrischen Triebkraft – vorläufig von keiner anderen Antriebskraft erfüllt werden können. Die Schnelltriebwagen dienen Sonderzwecken, die unter anderen Gesichtspunkten gewertet werden müssen als der gewöhnliche Eisenbahnbetrieb.

Die »Fliegenden Züge«

Obwohl der Propellerwagen von Franz Kruckenberg als Entwicklung eines Außenseiters auf den Gleisen der Deutschen Reichsbahn nur Gastrecht genoß, war seine Wirkung auf den Schnellverkehrs-Gedanken im Lande enorm. Die ersten Probefahrten in der Heide zwischen Hannover und Burgwedel (Bild unten) wurden im Oktober 1930 noch streng geheim abgehalten. Eine Fernfahrt zwischen Bergedorf bei Hamburg und Spandau vor Berlin, die am 21. Juni 1931 mit 230 km/h Höchstgeschwindigkeit vollbracht wurde, machte den »Schienenzepp« mit einem Schlag weltberühmt. An seiner Formgebung ist bis heute kaum etwas zu verbessern. Die Reichsbahn ließ 1931/32 von Maybach, Siemens sowie der Waggon- und Maschinenfabrik Görlitz den bekannten Schnelltriebwagen entwickeln, dessen Führerstand rechts oben abgebildet ist. Ab 15. Mai 1933 fuhr er planmäßig in 2 Stunden 20 Minuten zwischen Berlin und Hamburg; das Bild von Hans Hartz rechts unten zeigt ihn auf dem Hauptbahnhof der Hansestadt mit einem neugierigen Beobachter.

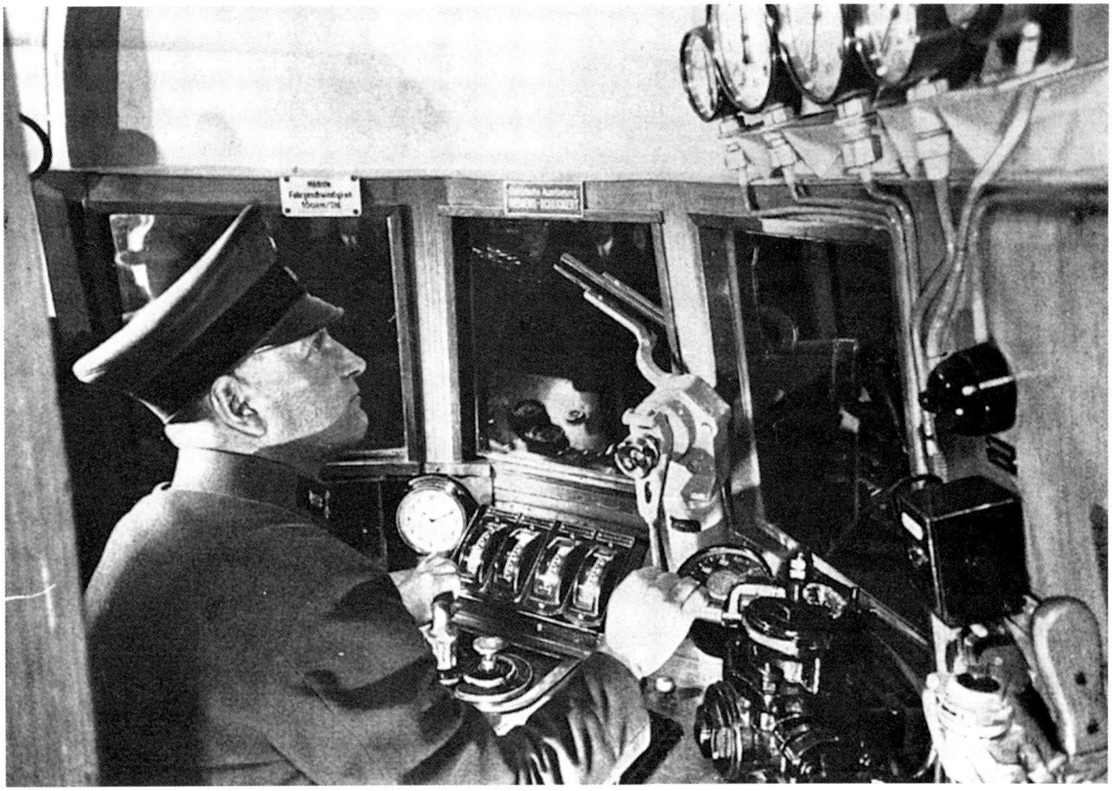

Ich komme!

Fliegender Hamburger mit Mitropa-Bewirtschaftung

Gruß aus dem SVT

Bei der Reichsbahn hießen die Schnellen Verbrennungsmotor-Triebwagen kurz »SVT«, und ab 1935 wurden mehr als zwei Dutzend dieser Züge in verschiedenen Varianten in Dienst gestellt. Auf vielen Ansichtskarten der Vorkriegszeit sind die schnittigen, elfenbein-violett lackierten Wagen zu sehen: Links oben ein Motiv vom Anhalter Bahnhof in Berlin, dem »Tor zum Süden« der alten Reichshauptstadt. Hier trafen die Schnelltriebwagen aus Frankfurt am Main, Stuttgart und München ein. Während man die Karten mit dem Eindruck »Ich komme!« zumeist am Bahnhofskiosk kaufte, wurde das darunter vorgestellte Objekt ab 1934 im Buffet des Schnelltriebwagens selbst feilgeboten. Es zeigt den »Fliegenden Hamburger« im Sachsenwald am Ende seiner Fahrt von Berlin an die Elbe. Beim Kauf im Zug wurde auf der Rückseite ein Gummistempel mit Datum aufgedrückt, wie er rechts oben wiedergegeben ist. Eine moderne Version dieser Mitropa-Karten, ab 1936 üblich, schließt die Bilderfolge ab. Der Berliner Funkturm und eine S-Bahn sind darauf am Bahnhof Heerstraße zu sehen.

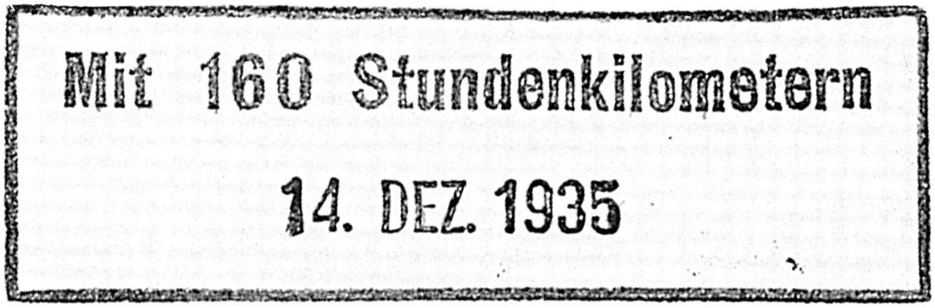

Stromlinie auf Schiene und Straße

Der Wettbewerb zwischen den Verkehrsträgern Eisenbahn und Automobil wurde im Dritten Reich noch dadurch verschärft, daß die Regierung Hitler den Bau der Autobahnen zur Arbeitsbeschaffung aufnahm. Die Deutsche Reichsbahn stellte diesem Vorhaben viel Geld, einiges Personal und umfassende Kenntnisse zur Verfügung. Andererseits dachte sie an einen eigenen Linienbetrieb mit stromlinienförmigen Schnellbussen auf den neuen Kraftfahrtstraßen, mit denen das Netz der Schnellzüge ergänzt werden sollte. Links oben der »Führersitz eines Reichsbahn-Kraftomnibusses« von Daimler-Benz auf der Betonpiste im Bild, darunter die Brücke der Lübeck-Büchener Eisenbahn mit ihrem Stromlinienzug über der Reichsautobahn von Hamburg nach Lübeck. Eine weitere Grußkarte des Jahres 1935 zeigt rechts oben den von Krupp gebauten »Schnellreisewagen der Reichsbahn für den Dienst auf den Reichsautobahnen«, wie es damals hieß. Darunter ein Blick in die zu den Olympischen Spielen 1936 in den Berliner Messehallen aufgebaute Propagandaschau »Deutschland«, die mit einem Junkers-Flugzeug sowie Stromlinien-Rennwagen von Mercedes und Auto Union aufwartete: Das Stromlinien-Fieber grassierte.

Die »Ersatzlok« 03 193

Aus zwei Gründen beschaffte die Deutsche Reichsbahn 1935 die Maschine 03 194 ebenfalls mit einer Stromlinien-Verkleidung wie die Lokomotiven 05 001 und 002: Einmal wollte man eine zuverlässige und preiswerte, zugleich aber optisch gleichwertige Ersatzlokomotive für die Hamburger FD-Züge haben, und andererseits wollte man mit ihr die wissenschaftliche Versuchsreihe zur Stromschale der Baureihe 03 fortsetzen, die mit der Lok 03 154 begonnen worden war. So wurde am 27. September 1935 die rotlackierte Maschine 03 193 mit der Borsig-Fabriknummer 14 554 von der Reichsbahn abgenommen. Das Bild unten zeigt sie im Sommer 1939 auf dem Hamburger Hauptbahnhof vor dem Morgenschnellzug D 3 nach Berlin. In dem Anzeigenfoto rechts unten, das Borsig ab 1937 häufig verwendet hat, fallen die kleinen Unterschiede zwischen der Lok 03 193 und der Baureihe 05 leicht auf: Spitzenlichter und Windleitbleche stimmen nicht überein. Rechts oben ist eine weitere Annonce der Borsig-Lokomotivwerke aus Hennigsdorf abgedruckt, die eine Szene mit der Lokomotive 05 001 vom März 1935 in Tegel zeigt.

BORSIG LOKOMOTIV-WERKE G·M B·H
05 001
2C2-STROMLINIENLOKOMOTIVE
BAUREIHE 05 DER DEUTSCHEN REICHSBAHN
DAMPFLOKOMOTIVEN ALLER ART
FÜR JEDE LEISTUNG UND SPURWEITE
HENNIGSDORF
OSTHAVELLAND

05 002
03 193
BORSIG-STROMLINIENLOKOMOTIVEN
BORSIG LOKOMOTIV-WERKE G. M. B. H.
HENNIGSDORF BEI BERLIN

03 193

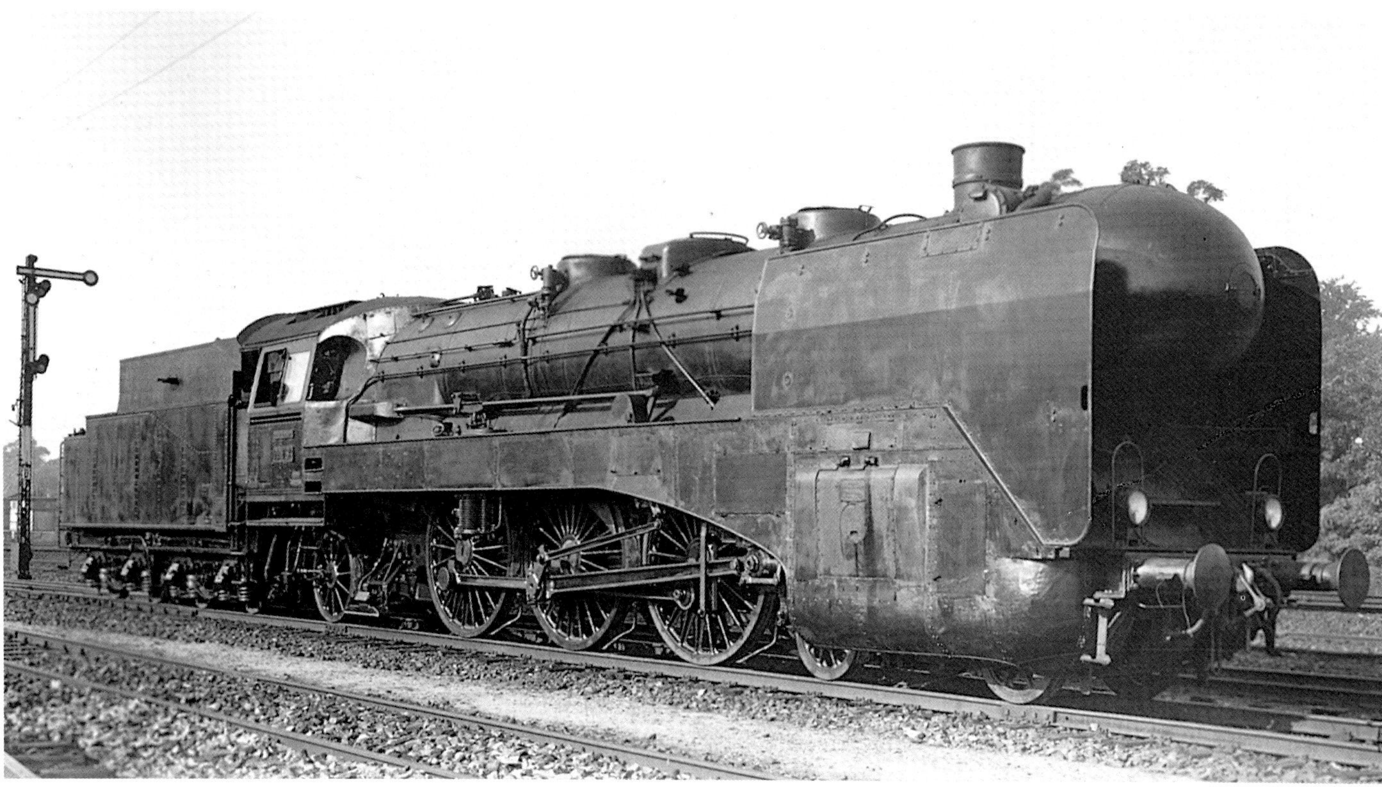

Einzelgänger und Varianten

Unter den deutschen Stromlinienlokomotiven hat es fast nur Einzelstükke gegeben, wenn man die Reihen 05, 06, 19^{10} oder 61 betrachtet. Weitere Spezialitäten waren in der Reihe 03 zu finden. Die Lokomotive 03 193 von 1935 hatte den großen Tender 2'3 T 37 St wie die Baureihe 05 erhalten, um die Strecke Berlin–Hamburg ohne Halt durchfahren zu können (Bild links oben). Die Versuchslokomotive 03 154 wurde 1939 von der Verkleidung des Triebwerks wieder befreit, um ihren Alltagseinsatz leichter zu gestalten (Bild links unten). Eine relativ kleine Verkleidung »wegen Ölsprühens«, vielleicht keine Stromlinienform im engen Sinne, erhielten versuchsweise die Lokomotiven 03 204 und 205 bei der Lieferung im April 1936. Die nagelneue, in Cottbus stationierte Lok 03 205 wurde am 1. Juni 1936 im Görlitzer Bahnhof von Berlin aufgenommen (Bild unten).

Stromlinie international

Einen kleinen Überblick dessen, wie sich die ausländischen Bahnen ab 1930 mit der Stromlinienform beschäftigten, sollen die folgenden Seiten geben. Schlechte Vorbilder und Kopien sind ebenso zu erkennen wie Eigenwilligkeit und Mut zum Experiment. Die luftige »Atlantic« (Achsfolge 2B1), Reihe 12 der belgischen Bahnen, im Bild links oben wurde 1938 vorgestellt; Höchstgeschwindigkeit 140 km/h. Die tschechische »Pacific« (Achsfolge 2C1) der Reihe 386, darunter abgebildet, kam im gleichen Jahr heraus; Höchstgeschwindigkeit 130 km/h. Selbst bei der Südmandschurischen Eisenbahn wurde die Lokomotive des »Asia Express« zwischen Dairen und Harbin schon 1934 zum »Streamliner« mit 140 km/h Höchstgeschwindigkeit gemacht, doch kaum ausgefahren. Dieses ferne Experiment ist rechts oben dargestellt, während darunter die ungarische 2B2-Tenderlok der Reihe 242 von 1936 in Wien Ost zu erkennen ist. Auch ein Exemplar dieser eigenartigen Lokgattung ist erfreulicherweise in Püspókladány museal erhalten.

970

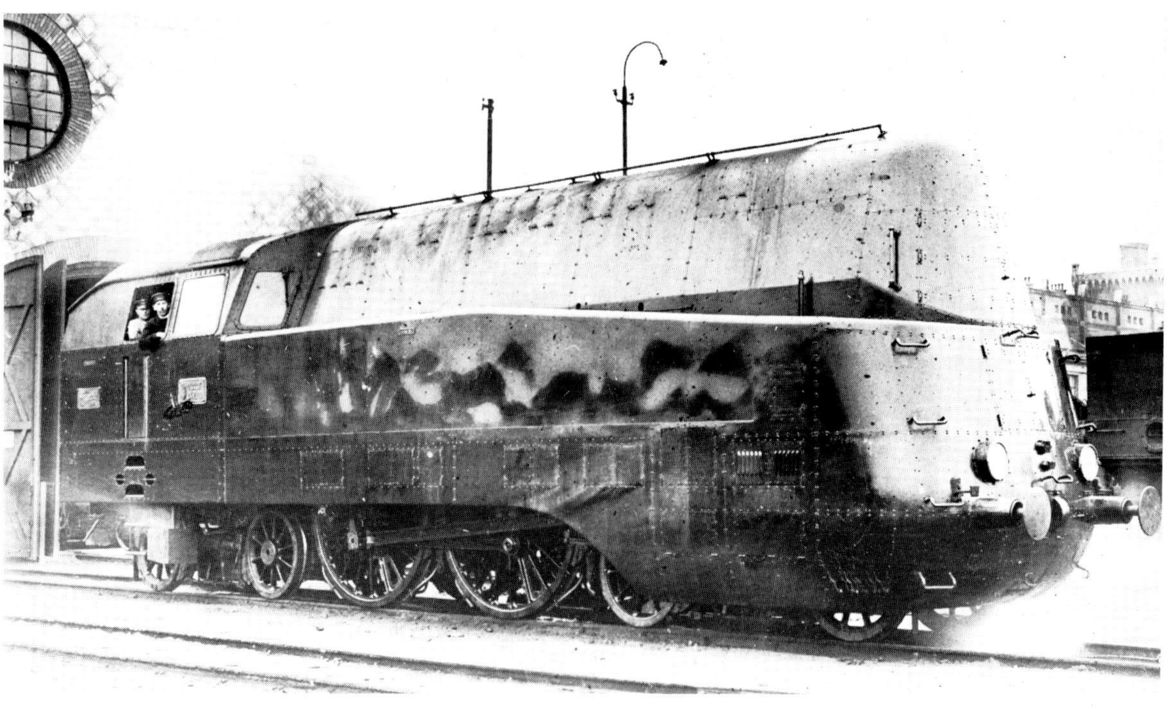

"THE SILVER JUBILEE"
SILVER LINK
BRITAIN'S FIRST STREAMLINE TRAIN
FM
NEWCASTLE & LONDON IN 4 HOURS
AVERAGE THROUGHOUT SPEED 67·08 M.P.H.
Every weekday (except Saturdays)
NEWCASTLE - dep. a.m. 10 0
DARLINGTON - ,, 10 42
KING'S CROSS - arr. p.m. 2 0
KING'S CROSS - dep. p.m. 5 30
DARLINGTON - arr. 8 48
NEWCASTLE - ,, 9 30
Connecting trains serve Tyneside and Tees-side.
SUPPLEMENTARY FARES (for each single journey) First Class 5/- Third Class 3/-
LONDON & NORTH EASTERN RAILWAY

Englische »Streamliner«

Der Wettbewerb unter den britischen Eisenbahngesellschaften bescherte der Insel ab 1935 ein Stromlinien-Fieber mit besonders hohen Werten. Links eine Reklame der London & North Eastern Railway aus der »Railway Gazette« vom 4. Oktober 1935, mit der auf den ersten Stromlinienzug Großbritanniens hingewiesen wird. Sein Name deutet auf das silberne Regierungsjubiläum des Königs Georg V. hin. Ähnliche Werbung für die deutschen Stromlinienloks hat die Reichsbahn nie gemacht. Auf der rechten Seite drei Zigarettenbildchen für Sammler. Oben sind »Big Five« zu sehen, fünf große Maschinen der LNER. Ihre nächsten Starzüge hießen nun »Coronation« wegen der Krönung des jungen Königs Georg VI. im Jahre 1936. Die Maschinen der Silver-Link-Reihe waren unterschiedlich dunkelrot und blau lackiert. Bekanntlich hat die Nummer 4486 »Mallard« am 3. Juli 1938 eine Rekordgeschwindigkeit von 125 miles per hour erreicht, das sind 201,3 km/h. Sie befindet sich heute im Eisenbahnmuseum von York. Die beiden nächsten Bilder zeigen das Konkurrenzfahrzeug der London, Midland and Scottish Railway. Sie baute in den Werkstätten von Crewe fünf Maschinen der Coronation-Klasse und gab ihnen eine blau-silberne Stromschale. Die Formgebung kommt dem deutschen Auge bekannt vor, der Lack macht Reklame.

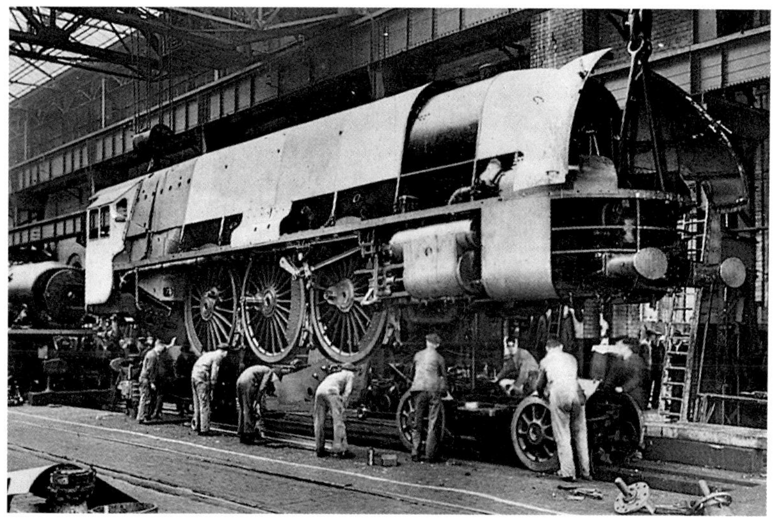

COMMODORE VANDERBILT
NEW YORK CENTRAL

NEW YORK
CENTRAL
SYSTEM

Badewannen-Stromlinie in den USA

Eigenem Geschmack folgte die industrielle Formgebung jenseits des großen Teiches. Links oben der Versuch der New York Central Lines von 1934, eine bereits vorhandene Hudson-Lokomotive mit dem Namen »Commodore Vanderbilt« für ihren Starzug »20th Century Limited« neu einzukleiden. Das Werk des Designers Norman Zapf rief das Wort vom »Bath Tub Shrouding«, von der »Badewannen-Umhüllung«, hervor. Auch bei der Verkleidung ihrer Lokomotive für den Zug »Mercury« nahm die NYC-Bahn im Jahre 1936 wieder eine bereits gebaute 2C2-Maschine zur Hand. Der Gestalter Henry Dreyfuss gab ihr sogar Radzierdeckel und eine dekorative Triebwerksbeleuchtung, um die Kraft der Maschine zu betonen; Bild links unten. Die Dekoration ihrer Type J3a für den »Empire State Express« ließ diese Eisenbahn ebenfalls bei Dreyfuss arbeiten. Er bevorzugte 1938 aber schon die von Raymond Loewy erdachte »Bullet«-Form, deren Idee an Kanonenkugel und Granatengeschoß erinnern sollte. Die Materialien, Edelstahl und Aluminium, deuten auf eine neue Zeit hin. Die Aufnahme unten führt mit der fabrikneuen Lok 5426 zu den Breakneck Mountains zwischen Harmon und Peekskill im Bundesstaat New York.

Fünftes Kapitel Die Mammutlokomotiven der Baureihe 06 von Krupp

Bis auf das Jahr 1934 gehen die Pläne für diese große Schnellzuglokomotive der Reichsbahn zurück. In einer »Familie« mit den schnellfahrenden Güterzugtypen 41 und 45 entwickelt, sollte sie – da durch Umstellen der Ausgleichhebel die Achslast der Kuppelradsätze entweder zu 18 t oder zu 20 t gewählt werden konnte – als eine »gemeinsame Oberstufe« der Reihen 03 und 01 den schweren Schnellzugdienst im Hügelland übernehmen, zugleich aber auch im angrenzenden Flachland bis zu 140 Stundenkilometer erreichen. Mit einem Raddurchmesser von 2 Metern, dem Kesseldruck von 20 atü und einem großen Dreizylindertriebwerk wollte man an diese Aufgabe gehen. Die Firma Krupp in Essen übernahm den Bau von zunächst zwei Prototypmaschinen und verlieh ihnen die stolzen Fabriknummern 2000 für die Lok 06 001 und 2001 für die Lok 06 002. Es sollte sich jedoch zeigen, daß die Lokomotiven in vielerlei Hinsicht vom Pech verfolgt waren, und nicht ohne Grund ist ihnen der Beiname von »Mammuts« gegeben worden. Schon Bau und Ablieferung verzögerten sich um Jahre: Während die von Henschel angefertigte Baureihe 45 bereits erste Gehversuche auf den Schienensträngen machte, sah Krupp sich gezwungen, die für die Reihe 06 nach dem austenitischen Verfahren geschweißten Kessel gerade vor der Montage wieder zu verschrotten, weil sich inzwischen Bedenken gegen diese Technik eingestellt hatten. Doch auch der sodann aus Kesselbaustoff St 47 K, mit dem man später bei anderen Loktypen noch viel Kummer haben sollte, eingebaute Boiler litt unter zu kleiner Feuerbüchse und zu langen Rohren. Als man endlich im Frühsommer 1939 mit den Maschinen in den Versuchsbetrieb gehen konnte, waren vor den schweren Zügen wegen der thermischen Überlastung des Stehkessels nicht selten Dampfmangel und Rohrlaufen zu beklagen; Zuglaufstörungen wie schon mit der alten Reihe 01 waren das Resultat. Mit immerhin 274 900 Reichsmark pro Lokomotive hatte auch diese Erfahrung ihren Preis. Links die Maschine 06 001 bei der Ablieferung in Essen, Mitte Februar 1939.

Schnellzug-Lokomotive Reihe 06

Ein historischer Text
Von Ludwig Schneider

Über die schwere Stromlinienlokomotive der Baureihe 06 sind ausführliche zeitgenössische Berichte sowohl von der Reichsbahnseite wie von der Industrie erschienen, woraus man vielleicht auf gewisse Meinungsverschiedenheiten schließen kann. Der folgende Auszug ist dem Aprilheft 1939 (Seite 26) der Zeitschrift »Die Lokomotive« entnommen. Sein Verfasser, Dr.-Ing. Schneider, war bis 1929 bei Maffei und anschließend als Dozent sowie für Krupp als Berater im Dampflokbau tätig. Er hat die Entstehung der Reihe 06 unmittelbar miterlebt.

Mit der Vollendung der ersten beiden Lokomotiven der Reihe 06 ist die neueste Entwicklung der Kolben-Dampflokomotive an einem bemerkenswerten Punkt angelangt. Diese Entwicklung wurde veranlaßt durch das Bestreben, die Reisegeschwindigkeit der Fahrgastzüge mehr und mehr zu erhöhen. Zunächst bediente sich die Reichsbahn zu diesem Zwecke hauptsächlich der Motor-Triebwagen und der Triebwagenzüge, welche es ermöglichten, bis an die Grenze dessen zu gehen, was aus Gründen der Sicherheit (Streckenführung, Signalsetzung) zulässig war: So legt der Fern-Triebwagenzug FDt 16 die 254 km lange Strecke Berlin–Hannover mit 132,6 km/h mittlerer Fahrgeschwindigkeit zurück. Es bestanden jedoch triftige Gründe, geeignete Lokomotiven für Fernschnellzüge, die aus D-Wagen bestehen, zu entwickeln. Gegenüber dem Triebwagenzug gewährt der D-Zug dem Reisenden größere Behaglichkeit, insbesondere durch Mitführung von Speise- und Schlafwagen und der internationalen Kurswagen. Ein D-Zug läßt sich außerdem der schwankenden Platznachfrage leichter anpassen, womit auch die Beförderungskosten geringer werden. Ein wichtiger Gesichtspunkt ist ferner die Brennstoff-Frage: Die Lokomotiven können mit der einheimischen Steinkohle gefeuert werden.

Die zu Beginn dieses Jahres von der Lokomotivfabrik Fried. Krupp A.-G., Essen, fertiggestellten beiden Drillings-Lokomotiven der Reihe 06 mit der Achsanordnung 2′D2′ sind das vorläufig letzte Glied dieser Entwicklungsreihe. Sie sind für die Beförderung schwerer Schnellzüge in hügeligem Gelände von der Fried. Krupp A.-G. in Zusammenarbeit mit dem Reichsbahn-Zentralamt entwickelt worden. Die Maschinen sind in der Lage, in der Ebene einen Zug von 650 t Gewicht, also 15 leichten oder 10 schweren D-Zugwagen, mit 120 km/h und in einer Steigung von 1:100 mit etwa 60 km/h zu befördern. Zur Aufholung von unvorhergesehenen Verzögerungen kann die Fahrgeschwindigkeit auf 140 km/h gesteigert werden. Mit Rücksicht auf die hohe Geschwindigkeit ist der obere Teil der Lokomotiven mit einer vollständigen, das Triebwerk mit einer teilweisen Stromlinienverkleidung versehen; auch die zugehörigen Tender sind vollständig stromlinienförmig verkleidet. Durch die Verkleidung können etwa 300 PS erspart und zur Erhöhung des Zuggewichtes nutzbringend eingesetzt werden. Durch Umspannen der Tragfedern ist es möglich, den Kuppelachsdruck von 20 t auf 18 t zu verringern, so daß die Lokomotiven auch auf Strecken mit leichterem Oberbau (H-Strecken) verkehren können.

Das gut ausgeglichene Dreizylinder-Triebwerk, das auf zwei Achsen wirkt, verleiht der Lokomotive vorzügliche Laufeigenschaften und eine rasche Beschleunigung. Die beiden Außenzylinder treiben den zweiten Kuppelradsatz, der Innenzylinder die erste, als Kropfachse ausgebildete Kuppelachse an. Der Innenzylinder ist gegenüber den Außenzylindern nach vorn geschoben. Die Zylinder haben einstufige Dampfdehnung erhalten, weil nach bisherigen Erfahrungen bei einem Kesseldruck von 20 atü das vorhandene Druckgefälle noch mit einfacher Dampfdehnung ausgenutzt werden kann. Die Reichsbahn wendet zwar der weiteren Prüfung dieser Frage großes Augenmerk zu, aber es erscheint doch bemerkenswert, daß man auch in Nordamerika bei schweren 2′C2′ und 2′D2′ Lokomotiven die einfache Dampfdehnung bei Kesseldrücken von 17 bis 21 atü anwendet.

In vielen Bauteilen lehnt sich die Lokomotive Reihe 06 an die vorhandenen Einheitsmaschinen an. Eine weitgehende Übereinstimmung ließ sich ferner erzielen mit den gleichzeitig gebauten 1′D1′-Eilgüterzug-Lokomotiven Reihe 41 und den 1′E1′-Eilgüterzug-Lokomotiven Reihe 45, also mit Lokomotiven, die einem ganz anderen Zweck dienen. So sind z.B. die Kessel der 2′D2′- und der 1′E1′-Lokomotive ganz gleich.

Der Kessel ist auf Grund der guten wärmewirtschaftlichen Erfahrungen, die mit den langen Kesseln der Einheits-Schnellzug-Lokomotiven gemacht wurden, mit 7,5 m langen Rohren versehen. Durch Verwendung von hochwertigem Kesselbaustoff, leicht molybdänlegiertem Stahl St47K mit 47–56 kg/mm² Festigkeit und hoher Warmstreckgrenze, konnte die Kesselwandstärke trotz des hohen Dampfdruckes von 20 atü klein gehalten werden, woraus sich eine erhebliche Gewichtsersparnis ergibt. Die Stromlinien-Lokomotiven der Reihen 61, 05 und 01 erhielten bzw. erhalten ebenfalls 20 atü Kesseldruck. Der Langkessel von 2 m Durchmesser besteht aus zwei Schüssen mit einer Blechstärke von 18,5 mm, von denen der vordere den Speisedom, der hintere den Reglerdom trägt. Bei der hohen Kessellage und dem großen Kesseldurchmesser konnten die Kesselaufbauten wegen des beschränkten Raumes innerhalb des Umgrenzungsprofiles nicht in der üblichen Weise ausgeführt werden. Sie wurden unter die Stromlinienverkleidung gelegt und sind von außen durch Klappen zugänglich gemacht. Um eine ausreichende Sandmenge unterzubringen, mußten zwei Sandkästen vorgesehen werden.

Die Stromlinienverkleidung umschließt den Kessel mit sämtlichen Aufbauten und Armaturen und ist vorn und an den Seiten bis zur Hinterkante der Zylinder bis dicht über die Schienen herabgeführt. Das Triebwerk ist zwecks leichterer Wartung nur bis zu 1,275 m Höhe über Schienenoberkante verkleidet. An der Führerhausseitentür angebrachte bewegliche Seitenklappen decken den Zwischenraum zwischen Lokomotive und Tender ab. Die Lichtmaschine, Pumpen und Armaturen usw. sind durch Klappen oder Rolläden zugänglich.

Die Lokomotiven sind mit dem neu entwickelten,

gleichfalls verkleideten fünfachsigen Tender 2′3T38 mit einem Fassungsvermögen von 38 m³ Wasser und 10 t Kohle gekuppelt, der zur Entlastung des Heizers eine selbsttätige Kohlennachschubvorrichtung besitzt. Die Achslager sind mit Zylinder-Rollenlagern der Kugellagerfabrik Fischer, Schweinfurt, ausgerüstet. Der Achsstand von Lokomotive und Tender ist so bemessen, daß die Lokomotive auf der 23-Meter-Drehscheibe Platz findet.

Oben:
Dampfkessel der 2'D'2-Schnellzug-Lokomotive, Baureihe 06

Unten:
Übersicht der beiden Schnellzuglokomotiven 06 001 und 002 von Krupp, 1938.

Hauptabmessungen der Baureihe 06

Größte Geschwindigkeit	140 km/h
Zylinderdurchmesser	3 × 520 mm
Kolbenhub	720 mm
Treibraddurchmesser	2000 mm
Laufraddurchmesser	1000 mm
Fester Achsstand	6750 mm
Gesamtachsstand	14 525 mm
Leergewicht	131,7 t
Dienstgewicht	143,5 t
Reibungsgewicht	80/70 t
Dampfdruck	20 kg/cm²
Rostfläche	5,04 m²
Heizfläche der Feuerbüchse	18,8 m²
Heizfläche der Rauchrohre	140,2 m²
Gesamtheizfläche	289 m²
Überhitzerheizfläche	132,5 m²
Rohrlänge	7500 mm

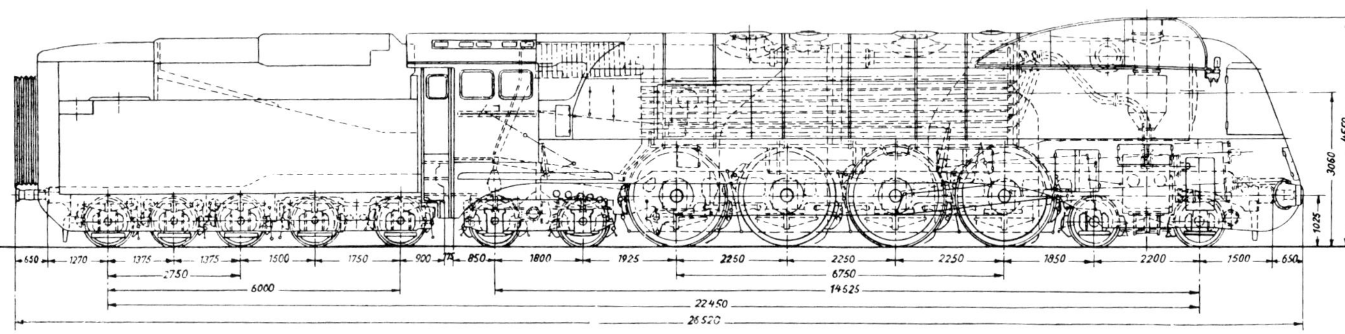

Bau und Erprobung

Nach Essen in die Werkstätten der Friedrich Krupp A. G. führt das Bild oben. Die Lokomotive 06 002 ist hier vor dem Anbau der Stromlinienverkleidung und des Gestänges zu sehen. In der sehr langen Rauchkammer liegt der Vorwärmer hinter dem Kamin. Bald nach der Fertigstellung der beiden »Null-Sechser« begann man bei Krupp mit der Entwicklung einer schnellfahrenden Dampfturbinenlok der Reihe T 09, deren Teile aber im Krieg wieder zerstört worden sind. Wenig bekannt dürfte zudem sein, daß man um 1935 zudem – ähnlich wie bei der Reihe 05 – an die Planung einer Versuchslok 06 003 mit Dreizylinder-Verbundtriebwerk gegangen ist, zu deren Ausführung es aber nicht kam. Die beiden Aufnahmen von Hermann Maey auf der rechten Seite führen im Sommer 1939 schon auf den Bahnhof Berlin-Grunewald, wo die Lok 06 001 für Fahrten der Versuchsabteilung bereitstand. Bemerkenswert sind die beiden hell polierten Streifen auf dem schwarzlackierten Blech der Stromschale, aber auch der Stromlinien-Tender der Bauart 2′3 T 38 St 1939. Der Faltenbalg diente nur dem strömungsgünstigen Anschluß des Zuges an die Lokomotive und konnte zum Übergang nicht benutzt werden. Die Bilder der folgenden Seite geben einen kleinen Einblick in die Grunewalder und in die Frankfurter Zeit dieser Maschinen. Beim Betriebswerk Frankfurt 1 standen sie während der ersten Kriegsjahre im Einsatz; einst bewundert, nun Einzelgängerinnen. Sie haben wegen des langen, steifen Laufwerks, dem man vielleicht besser die Achsanordnung 1′D 2′ gegeben hätte, in manchen Weichenstraßen mit Schwierigkeiten aufgewartet. So entschloß sich die Bundesbahn, von ihrer Modernisierung Abstand zu nehmen.

06 001

LoK.06001
Frankfurt/Main am 15.6.39

Versuch mit der Reihe 06

Auf der linken Seite erscheint ein Blatt aus dem Gästebuch des Lokomotiv-Meßwagens 3. Anläßlich der 30. Beratung des Lokomotiv-Ausschusses am 15. Juni 1939 in Eisenach wurden auch die Maschinen 50002 und 06001 den Mitgliedern vorgeführt. Mit der schweren Schnellzuglok wurde eine Betriebsfahrt vor 62 Achsen von Bebra nach Frankfurt (Main) und zurück unternommen. Das hier wiedergegebene Gedenkblatt trägt die Unterschriften aller Teilnehmer. Der Sommer 1939 brachte ausgedehnte Versuche mit der Lokomotive 06001. Mit den beiden »Mammut«-Lokomotiven der Reihe 06 erfuhr der Ruf R. P. Wagners als Maschinenbauer eine schwere Prüfung. Die Aufnahme vor dem Meßwagen 3 im Frühsommer 1939 entstand während eines Zwischenaufenthalts auf Bahnhof Hagenow Land, Strecke Berlin–Hamburg. Darunter ein Bild aus dem Betriebseinsatz der Reihe 06. Im Spätsommer 1939 kamen die beiden Riesenmaschinen besonders vor dem D 43 zwischen Frankfurt (Main) und Erfurt zum Einsatz. Das Bild oben zeigt die 06001 vor der planmäßigen Abfahrt um 12.24 Uhr mit dem langen Zug im Frankfurter Hauptbahnhof.

Auf der folgenden Doppelseite:
Die Lokomotive 06001, ausgerüstet mit Meßleitungen, vor einer Probefahrt im Sommer 1939 in Grunewald.

Deutsche
Reichsbahn
Karlsruhe

Im Plandienst

Selten sind die Aufnahmen aus der Zeit ab Sommer 1939, als die Baureihe 06 in den Betriebsdienst kam. Links oben ein Bild vom März 1941, in dem die Maschine 06 002 vor dem D 57 von München nach Dortmund abfahrbereit im Würzburger Hauptbahnhof steht. Sie hatte zuvor den D 404 aus Frankfurt am Main herangebracht. Darunter die selbe Lok 1940 bei Frankfurt-Oberrad, nun bereits nach Abbau einiger Bleche, vor dem Schnellzug D 43. Auch das Bild rechts oben, ebenfalls ein Werk von Dr. Feißel, zeigt diesen Zug, und zwar mit Lok 06 001 bei Steinheim am Main im Sommer 1939. Von Basel über Karlsruhe kam dieser Zug am Vormittag mit Kurswagen aus Rom und Ventimiglia heran, nahm in Heidelberg Kurswagen Ulm–Berlin und in Frankfurt (Main) den Kurswagen Saarbrücken–Berlin sowie einen Postwagen auf, um nun seine Fahrt nach dem Anhalter Bahnhof über Erfurt und Halle fortzusetzen. Ein Mitropa-Speisewagen lief von Basel DRB bis Berlin im Zuge mit. Die Reihe 06 führte den D 43 über 268,6 km von Frankfurt (Main) bis Erfurt. Rechts unten eine Szene aus Gotha mit dem Zug D 41 und der Lok 06 001, beobachtet am 17. April 1940.

61 002

Sechstes Kapitel Vom Bau der Lokomotive 61 002 bei Henschel

Zur Beschaffung einer weiteren Stromlinien-Tenderlokomotive für den Henschel-Wegmann-Zug mußte es aus mehreren Gründen kommen: Es waren nicht nur die knappen Vorräte und das problematische Zucken der Maschine 61 001, die etwa ihren vollständigen Ersatz erforderlich gemacht hätten, sondern es waren vornehmlich die bei jedem Einzelstück auftretenden Unzulänglichkeiten an Auswaschtagen oder anläßlich von Ausbesserungen, die es 1936 geraten erscheinen ließen, statt der für diese Vertretungsaufgaben besonders gepflegten Schlepptenderlokomotive 01 226 – gelegentlich war auch die 01 185 zu beobachten – doch noch eine geeignete Schnellfahrlok zu beschaffen. Dabei wollte man einerseits das Grundkonzept beibehalten, andererseits aber durch ein Dreizylindertriebwerk und mehr Brennstoff und Wasser an Bord den Mängeln der Vorauslok 61 001 begegnen. So kam man zu dem in der deutschen Lokomotivgeschichte einmaligen dreiachsigen Drehgestell. Bei Henschel waren es nun namentlich die Ingenieure Knipping, Böhmig und Riedel, die sich mit der Maschine konstruktiv befaßten, die aber auch mehr als nur eine Vorstudie anfertigten. Dazu traten noch die von Kurt Ewald vorgeschlagenen Sonderausführungen mit Dampfmotorantrieb, zu deren Verwirklichung sich aber die Reichsbahn im damaligen Zeitpunkt nicht entschließen konnte. Daher ist die unter der Fabriknummer 23 515 von Henschel in Kassel gebaute, am 10. Juni 1939 endgültig angestrichene, am 12. Juni 1939 abgelieferte und nach der Grunewalder Abnahme dem Betriebswerk Dresden-Altstadt zugeteilte Lokomotive 61 002 als eine durchaus regelrechte Stromlinienlok ohne weitere Besonderheiten anzusehen. Der Lieferpreis hatte gegenüber der Vorläuferin etwas angezogen und lag nun bei 232 000 Reichsmark. Der Werksfotograf Rudolf Kreutzer hat sich ihr mit seltener Hingabe gewidmet, und so ist dieses Kapitel reich an bemerkenswerten, weithin unbekannten Bildern von den Probefahrten in Nordhessen und beim Abdampfen der fertigen Lok durch die Straßen Kassels im Sommer 1939. Bald darauf waren die Maschinen der Reihe 61 vor gewöhnlichen Zügen im Raum Dresden zu sehen, denn der Wegmannzug fuhr ab Kriegsbeginn nicht mehr. Links die fertige Lok 61 002 auf dem Fabrikhof in Kassel; Juni 1939.

Die beiden Stromlinien-Tenderlokomotiven Reihe 61

Ein historischer Text
Von Kurt Ewald

Durch die Auslieferung der Lokomotive 61 002 kurz vor Kriegsbeginn ist über diese Einzelgängerin von den Fachzeitschriften vor 1945 nicht mehr berichtet worden. Erst im März 1948 konnte Dr.-Ing. Ewald, lange Jahre bei Henschel als Projektingenieur beschäftigt, den Fachkollegen in der Zeitschrift »Glasers Annalen« (Seite 43) einen Vergleich der beiden 61er-Loks vorstellen.

Als dampfbetriebenes Gegenstück zu den revolutionären, eine neue Epoche des Schnellverkehrs einleitenden »Fliegenden Hamburger« hatten die Lokomotivfabrik Henschel

& Sohn und die Wagenbauanstalt Wegmann & Co. in Kassel einen leichten Stromlinienzug entworfen, der aus einer 2-B-1-Tenderlokomotive und einem zweiteiligen Jakobs-Gelenkwagen bestand. Die Deutsche Reichsbahn griff diese Anregung auf, verlangte aber Anpassung an die inzwischen erheblich gestiegenen Verkehrsleistungen der Diesel-Schnelltriebwagen. So entstand im Jahre 1935 der Henschel-Wegmann-Zug, der denselben Verkehr bedienen sollte wie die dreiteiligen Triebwagen für 150 km/h Fahrgeschwindigkeit. Er setzte sich zusammen aus der Stromlinien-Tenderlokomotive 61001 und vier voneinander unabhängigen leichten Drehgestellwagen und bildete eine geschlossene Einheit, die äußerlich durch die windschnittige Formgebung und durch einen geschmackvollen Anstrich betont wurde: Lokomotive und Wagen zeigten von etwa Pufferhöhe bis zur Fensterbrüstung ein durchgehendes Band in violetter Farbe, darüber bis Fenster-Oberkante einen goldgelben Streifen, Dächer und Kesselbekleidung über den Vorratsbehältern waren aluminiumfarbig gestrichen, ebenso die seitlichen, die Räder abschirmenden Schürzen.

Die Lokomotive zeigte eine durchaus normale Bauart. Neben der Stromlinienverkleidung deuteten lediglich die hohen Treibräder auf die ungewöhnliche Fahrgeschwindigkeit hin. Der größte Achsdruck war in Rücksicht auf das Befahren der Fernstrecken der Berliner Stadtbahn mit 18,5 t begrenzt. Die Anordnung der Achsen und die doppelte Anordnung der Bedienungselemente im Führerhaus ermöglichten in beiden Fahrtrichtungen höchste Geschwindigkeiten. So konnte auf den Kopfbahnhöfen das Drehen der Lokomotive erspart werden, das Umsetzen ließ sich allerdings – im Gegensatz zum Diesel-Triebwagen – nicht vermeiden. Dank der geschickten Formgebung wirkte die Lokomotive äußerst gefällig, was auf die anderen triebwerkverkleideten Stromlinienlokomotiven der Reichsbahn nicht in gleichem Maße zutrifft.

Im Betrieb hat die 2C2-Lokomotive die auf sie gesetzten Hoffnungen erfüllt. Sie vermochte den Zug innerhalb von etwa sechs Minuten auf 160 km/h zu beschleunigen. Ihr Lauf war auch bei höchster Fahrgeschwindigkeit noch hinreichend ruhig. Immerhin hat man es für vorteilhaft erachtet, die Laufeigenschaften im Rahmen des Möglichen weiter zu verbessern. Auch schien es ratsam, zur Erweiterung des Fahrbereiches größere Vorräte vorzusehen. Die zweite Lokomotive – Betriebs-Nr. 61002 vom Jahre 1939 – wurde daher als 2C3 mit Drillings-Triebwerk ausgeführt.

Wieweit es gelungen ist, dem Dampfzug den Charakter eines Triebwagens zu verleihen – wobei die Lokomotive die Stelle der Dieselmotoren einzunehmen hat – geht aus folgenden kennzeichnenden Vergleichswerten zwischen dem Zug mit Lok 61002 und dem dreiteiligen Diesel-Schnelltriebwagen Bauart »Köln« hervor: höchste Dauerleistung 1500 PSi (Dampf) zu 1200 PSi (Diesel), Dienstgewicht 284 t zu 166 t, Anzahl der Sitzplätze 192 (Dampf) zu 102 (Diesel), Dienstgewicht je Sitzplatz 1,48 t zu 1,63 t, schließlich die Leistung je Sitzplatz 7,8 PSi (Dampf) und 11,8 PSi (Diesel).

Hiernach schneidet der Zug hinsichtlich des auf einen Reisenden kommenden baulichen und betrieblichen Aufwandes sehr gut ab: Die spezifische Leistung ist trotz des größeren absoluten Leistungswertes geringer als bei dem in Vergleich gesetzten Schnelltriebwagen. Es darf aber nicht übersehen werden, daß die günstigen Werte des Henschel-Wegmann-Zuges hauptsächlich der guten Gewichtsausnutzung des Wagenzuges und dem Überwiegen der Sitzplätze der 3. Klasse zu verdanken sind. Die Lokomotive kann gewichtsmäßig mit dem Dieselmotor nicht in Wettbewerb treten. Sie treibt vielmehr das Zuggewicht derart in die Höhe, daß die auf die Gewichtseinheit bezogene Maschinenleistung wesentlich unter den entsprechenden Triebwagenwerten liegt. Ungünstig ist auch das verhältnismäßig niedrige Reibungsgewicht. Beide Faktoren lassen auf geringes Beschleunigungsvermögen schließen, obwohl der »Fliegende Hamburger« beim Anlaufen auf 160 km/h nur mit 35 Sekunden im Vorteil ist.

Der Henschel-Wegmann-Zug war von 1936 an als D53/54 und D57/58 im Verkehr Berlin–Dresden eingesetzt. Bei einer mittleren Fahrgeschwindigkeit von rd. 104–111 km/h in den Jahren 1938/39 lag er dicht hinter den von der 05 gezogenen Berlin-Hamburger Schnellzügen (117 km/h); den Schnelltriebwagen Berlin–Hamburg mit rd. 124 km/h und Hannover–Hamm mit rd. 134 km/h folgte er aber erst in weitem Abstand. Er nutzte sein Schnelligkeitsvermögen – zumindest vor dem Erscheinen der 61002 – wohl hauptsächlich deshalb nicht aus, weil auf die für die Beförderung eines Gegenzuges oder als Reserve verwendeten »langsamen« Lokomotiven Rücksicht genommen werden mußte.

Der Zug wurde während des Krieges noch als Lazarettzug benutzt. 1946 wurde er ausgeplündert in Hamburg-Langenfelde gesehen, die Rote-Kreuz-Zeichen waren noch zu erkennen. Die Lokomotiven beförderten Personenzüge im Dresdener Nahverkehr. 61001 befand sich bei Beendigung der Kampfhandlungen im Reichsbahn-Ausbesserungswerk Braunschweig. Sie wurde seitdem wiederholt in Hannover-Ost und in Braunschweig gesichtet, auch einmal als Vorspann vor P361 nach Braunschweig. 61002 ist im Bw Dresden-Altstadt stationiert und wird auf der Strecke Dresden–Bad Schandau im schweren Personenzugdienst eingesetzt. Die Triebwerkverkleidung ist entfernt, da sie angeblich der Lüftung hinderlich ist und bei Reparaturarbeiten an der Lokomotive stört.

Hauptabmessungen der Lok 61002

Größte Geschwindigkeit	175 km/h
Zylinderdurchmesser	3 × 390 mm
Kolbenhub	660 mm
Treibraddurchmesser	2300 mm
Fester Achsstand	5100 mm
Gesamtachsstand	15025 mm
Länge über Puffer	18825 mm
Leergewicht	110 t
Dienstgewicht	144 t
Reibungsgewicht	55,5 t
Kesseldruck	20 kg/cm²
Rostfläche	2,8 m²
Verdampfungsheizfläche	150,0 m²
Überhitzerheizfläche	69,2 m²
Länge der Rohre	5000 mm
Wasservorrat	21 m³
Kohlenvorrat	6 t

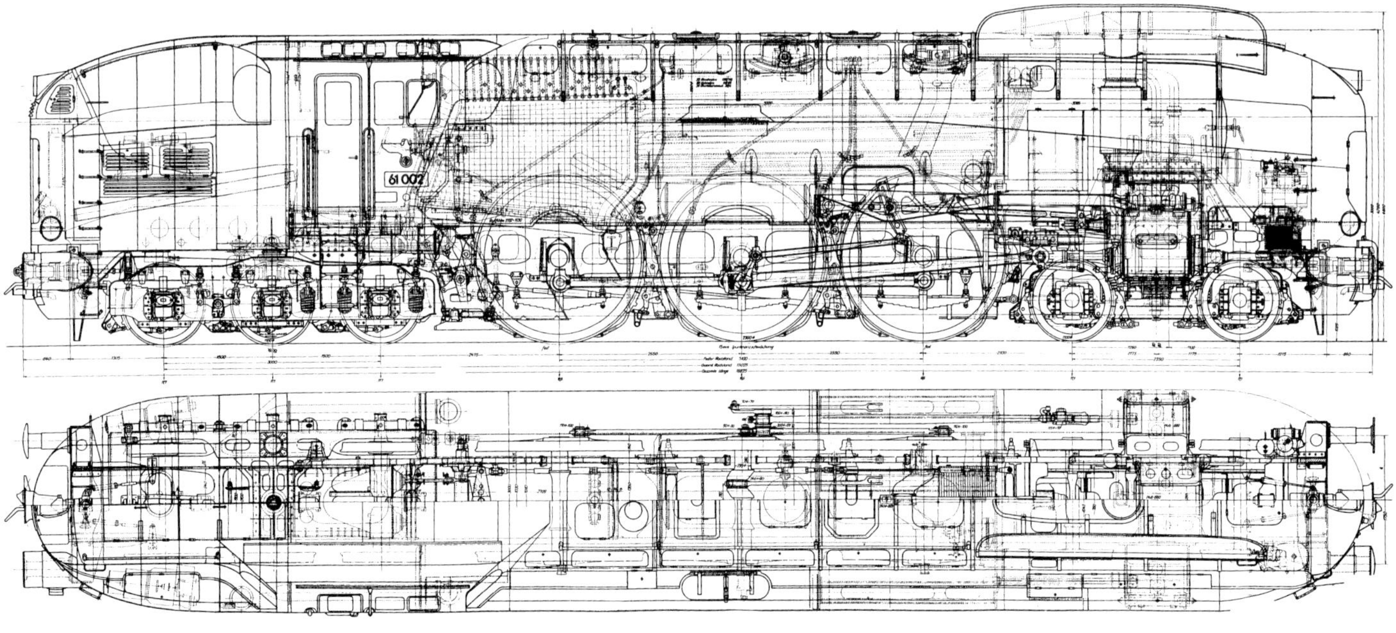

Übersicht der Lokomotive 61002 von Henschel, Baujahr 1939.

Die Lokomotive 61 002 im Bau

Die Werkaufnahme dieser Doppelseite führen in den Henschel-Lokomotivbau zur Jahreswende 1938/39. Bei dem Bild unten mit Blick auf Kessel, Rahmen, Triebwerk und Vorratsbehälter ist der dritte Zylinder nicht zu erkennen, den die Maschine aus Gründen der Laufruhe erhalten hatte. Auffällig ist aber die Anbringung von zwei Sandkästen, die spezielle Rauchkammertür und das dreiachsige Drehgestell mit Außenlagerung unter dem Kohlenbunker. Schon sind die ersten Teile der Kesselverkleidung aufgelegt. Die Fotografie rechts oben zeigt die Kuppelradsätze der Lokomotive 61 002. Nur ganz schwach sind die für Innentriebwerk und Innensteuerung erforderlichen Kröpfungen der beiden rechten Achsen zu sehen. Im Bild rechts unten fehlen der Maschine nur noch Teile der Verkleidung von Kessel, Triebwerk und Puffer.

Ld 226 k

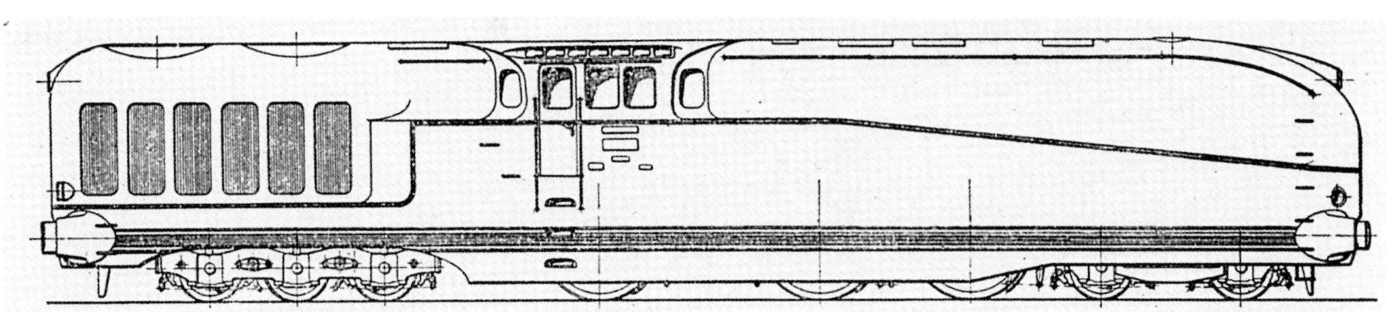

Vor der ersten Ausfahrt

Einen Blick in den Führerstand der Lokomotive 61002 gewährt die Aufnahme links oben. Unter dem Reglerhebel ist das Geschwindigkeitsschild angebracht. Die Maschine war ihrer Vorgängerin von 1935 in vielen Dingen sehr ähnlich. Dabei gab es, wie stets, 1936 schon Alternativentwürfe zur Reihe 61. Auch so hätte die Lokomotive 61002 aussehen können, wäre die Reichsbahn damals dem Entwurf gefolgt. Die 2′Co3′-Tenderlok sollte Dampfmotor-Einzelachsantrieb, Kohlenstaubfeuerung und Kondensation aufweisen. Man hoffte, 600 km ohne Wassernehmen zurücklegen zu können. Das Projekt links unten hatte Dr.-Ing. Kurt Ewald für seine Firma ausgearbeitet. Auf dem großen Bild vom Werkshof sind neben der Lok 61002 im Fotografier-Anstrich außerdem die Reichsbahnlok 44099 sowie Exportmaschinen für Persien und Südamerika an der gedeckten Drehscheibe aufgestellt worde; Ende Mai 1939. Gleichzeitig mit dieser Lokomotive wurde übrigens bei Wegmann noch ein Mittelwagen für den Salonwagenzug nachbeschafft. Da aber die Maschine 61002 wegen des Krieges überhaupt keinen Plandienst vor dem Zug verrichtet hat, ist er nicht mehr als fünfter Waggon in die Garnitur eingestellt worden.

Probefahrten in Nordhessen

Die große Aufnahme unten führt auf den Holländischen Platz von Kassel im Mai 1939. Zum erstenmal begibt sich die Lokomotive 61 002 auf den Weg durch die Wolfhager Straße zum Bahnhof Unterstadt. Links das Verwaltungsgebäude der Firma Henschel, hinter der Stromlinienmaschine eine der kleinen Werkloks. Einige Passanten, im Stil der späten dreißiger Jahre gekleidet, haben innegehalten, um die Ausfahrt zu beobachten. Im Führerstand Baurat Roth von Henschel. Die Abbildung rechts oben entstand am gleichen Tag des Jahres 1939 auf dem Bahnhof Wabern. Welche unwiederbringliche Fülle von Schildern und Reklamen am Perron, dazu die Stromlinienlok mit ihren geschäftigen Betreuern, schließlich rechts eine preußische T 18 vor dem Personenzug. Es war Zeit für eine erste Inspektion unterwegs. Kaum ist die Maschine zum Stillstand gekommen, da schwärmen die Begleiter der Probefahrt aus, um die Temperaturen von Triebwerk und Lagern zu überprüfen. Bemerkenswert noch, daß man vorsichtshalber selbst Winden und Hebezeug mitgeführt hat, die sich hinter der geöffneten Frontverkleidung verbergen. Das dritte Bild zeigt bei gleicher Gelegenheit den Oberingenieur Walther Böhmig von Henschel, der die Lok 61 002 gemeinsam mit seinen Kollegen Riedel und Knipping konstruktiv durchgebildet hatte, vor dem Puffer.

Aufsichtsbeamter
Wabern
Wabern

Typenbilder der Lok 61 002

Auf dieser Doppelseite befinden sich fünf Standardaufnahmen der Lokomotive 61 002. Hier handelt es sich um noch von der Lokfabrik angefertigte Bilder. Rechts zunächst ein Blick auf die Front der Maschine mit geöffneten Klappen. Die Anschrift unter dem Puffer lautet: »Anstrich 10. 6. 39«. Es folgen rechts oben die Stirn- und Rückansichten auf der gedeckten Drehscheibe mit dem Mehrspurgleis, links unten die Heizerseit, ebenso wie bei der 61 001 mit vornliegender Führerstandstür. Rechts unten schließlich ein Bild von der Lokführerseite der 61 002 mit der Tür in der normalen, hinteren Position.

61 002
Ld 226 m

61 002
Ld 226 n

61 002
Ld 226 l

Am Holländischen Platz in Kassel

Selten ergab sich für den Werkfotografen einer Lokomotivfabrik eine reizvollere Aufgabe als für Rudolf Kreutzer im Juni 1939, als ihm die Reportage von der Ablieferung dieser Lok in ihrem violett-silbernen Anstrich übertragen wurde. Dabei schuf er ein fast schon berühmtes Bild. Die Ablieferung der Lokomotive 61 002 in ihrem endgültigen Anstrich am Morgen des 12. Juni 1939 ist durch die Annonce mit dem Pferdefuhrwerk, die damals in den technischen Fachblättern erschien, vielen Lesern bekannt. Wir bringen hier zwei Szenen vom Holländischen Platz an diesem Tage. Das Kopfsteinpflaster, die Schienenkreuzung, das Werk im Hintergrund, die Menschen in ihren Berufskleidern, dazu die Lokomotive mit ihren Dampfschwaden fügen sich zu einem äußerst reizvollen Bild. Mehr als fünfzig Leica-Aufnahmen hat Kreutzer hier binnen weniger Minuten »geschossen«. Rechts ein Auto der Wehrmacht.

Von Kassel nach Dresden

Unten noch eine Aufnahme von der Wolfhager Straße in Kassel am 12. Juni 1939. Vier Jahre später, in dem Bombenangriff vom 22. Oktober 1943, wurde der größte Teil der Kasseler Innenstadt zerstört. Rechts im Bild ist noch der Puffer der Werklok sichtbar, die der 61 002 auf den ersten Metern ihrer Fahrt in den Reichsbahnbetrieb assistierte. Der Blick leicht von oben läßt auch die Einläufe der Wasserkästen erkennen. Die Lokomotive 61 002 wurde wie die Schwestermaschine nach einer Stippvisite in Grunewald, von wo man sie wegen anderer vordringlicher Aufgaben in den Betrieb abgab, in Dresden Altstadt beheimatet. Vor dem Henschel-Wegmann-Zug ist sie kaum noch zum Einsatz gekommen, denn dessen Verkehr wurde mit Kriegsbeginn eingestellt. Seine Wagen nahm sich die Wehrmacht, die Lokomotiven quälten sich im schweren Personenzugdienst beim Bahnbetriebswerk Dresden Altstadt. Zum Zeitpunkt der beiden Aufnahmen rechts, im Frühjahr 1941, bestimmten ein Militärzug im Hintergrund und die abgeblendeten Laternen der Lok die Szenerie. Doch noch immer trägt der »Pilot« voller Stolz seine Schnellfahrerbrille. Über ihren Verbleib nach dem Krieg mehr auf den Seiten 265 und 288. Vergessen wir abschließend nicht die unerwartete, wenngleich mit vielen fremden Teilen aufgebesserte Renaissance dieser Lokomotive durch den Umbau zur Schlepptenderlok 18 201 in Meiningen, die sie zu einem Star unter den letzten deutschen Dampflokomotiven werden ließ. Noch ist sie im Einsatz.

61 002

61 002

05 003

Siebentes Kapitel
Der Fehlschlag mit der Maschine 05 003

Als man 1933 bei der deutschen Lokomotivindustrie daran ging, Pläne zu einer Schnellfahrlokomotive einzureichen, spielte auch die Frage der Sicht des Lokpersonals auf die Strecke eine große Rolle: Nicht nur bei den Entwürfen zu Lokomotiven mit Turbinen- und Dampfmotorantrieb, sondern auch bei den »konventionelleren« Vorschlägen mit Regelkessel und Kolbendampfmaschine wollten es einige Ingenieure riskieren, den Führerplatz an die Stirn der Lokomotive zu verlegen. Ähnliches hatte es bereits 1903 bei den preußischen Schnellfahrlokomotiven der Gattung S9 von Kuhn und Wittfeld gegeben, wie die Bilder auf Seite 16 zeigen. Auch in Italien und Nordamerika hat man sich früher Gedanken über diese Bauart der »Cab forward locomotive« gemacht. Wenn man aber Lokomotivführer und Heizer bei dem hohen Tempo nicht mehr, wie 1903 geschehen, räumlich voneinander trennen wollte, dann mußte man entweder den Dampfkessel sehr feinfühlig von vorn fernsteuern, oder man mußte den kompletten Kessel herumdrehen und mit der Feuerbüchse voraus fahren lassen: Zu diesem waghalsigen Experiment hat man sich 1934 tatsächlich entschlossen. Die Brennstoffversorgung konnte nun, da auf importiertes Öl unbedingt verzichtet werden sollte, nur mit Kohlenstaub erfolgen, welcher mit Druckluft durch Leitungen vom Tender hinter der Lokomotive nach vorn geblasen werden sollte. Auf Wunsch des Reichsverkehrsministeriums wurde somit 1934 bei den Borsig-Lokomotivwerken in Hennigsdorf bei Berlin auch eine solche Versuchslokomotive in Auftrag gegeben, die mit der Fabriknummer 14555 und der Reichsbahn-Betriebsnummer 05 003 bis zur Hundertjahrfeier dieser Traditionsfirma 1937 fertiggestellt worden ist. Langwierige und enttäuschende Versuchsfahrten schlossen sich an. Leider ist das mit viel Mühe vorbereitete Experiment vollständig gescheitert, denn man erreichte aus vielen Gründen auf der Lok kaum einmal den vollen Kesseldruck. Als man sie umbauen und weiterentwickeln wollte, hatte der Zweite Weltkrieg begonnen. Die Maschine 05 003 blieb abgestellt und wurde erst 1944, im Zeichen des damaligen Lokomotivmangels, in eine rostgefeuerte Maschine normaler Bauart vom Herstellerwerk umgearbeitet. Bis sie 1950 mit ihren beiden Schwestermaschinen zur Auffrischung in der Lokomotivfabrik Krauss-Maffei in München auftauchte, hatte sie erst wenige tausend Kilometer im Zugdienst abgeleistet. Mit dem empfindlichen Einzelstück war auch fortan wenig anzufangen und so muß man ihren Kaufpreis von rund dreihunderttausend Reichsmark wohl als teures Lehrgeld der Eisenbahn abbuchen. Links ein Pressefoto, das zum Borsig-Geburtstag am 22. Juli 1937 in Hennigsdorf entstanden ist.

Die Schnellzuglokomotive 05 003

Ein historischer Text
Von Adolf Wolff

Zu den bedeutendsten schriftstellerischen Dokumenten aus der Lokomotivtechnik gehört eine Arbeit, die 1947 im Berliner Georg-Siemens-Verlag als Folge 3 der »Fortschritte der Technik« herausgekommen ist. Hier berichtet ein am Bau und der Erprobung der Lok unmittelbar Beteiligter schonungslos über einen großen Fehlschlag.

In dem Bestreben, die Geschwindigkeit der Schnellzüge beträchtlich zu steigern, hatte die Deutsche Reichsbahn die *Borsig Lokomotiv-Werke* im Jahre 1933 mit dem Entwurf und dem Bau von 2 Stück dreizylindrigen Stromlinien-Lokomotiven beauftragt, mit denen erstmalig in das Gebiet der überhohen Fahrgeschwindigkeiten von 175 km/h und darüber vorgestoßen werden sollte. Es wurden damals Stimmen laut, die der Befürchtung Ausdruck gaben, daß bei Lokomotiven herkömmlicher Bauart von so großen Abmessungen, wie es die Erreichung der hohen Geschwindigkeiten verlangt, keine sichere Gewähr mehr dafür gegeben sei, daß die Lokomotivmannschaft die Strecke und die Signale einwandfrei beobachten kann. Es wurde deshalb 1934 verlangt, eine dritte Lokomotive gleicher Leistung zu entwerfen, bei der der Führerstand sich an der Stirnseite befindet, so daß eine gleich gute Beobachtungsmöglichkeit der Strecke wie bei den elektrischen Lokomotiven entsteht. Die Lokomotive mußte also in der Hauptfahrrichtung rückwärts, d. h. mit dem Stehkessel voraus, fahren, und der Tender mußte hinter der Rauchkammer folgen. Dies brachte zwangsweise die Wahl zwischen Öl- oder Kohlenstaubfeuerung, wobei Öl mit Rücksicht auf die damalige Rohstofflage ausschied. Da Kohlenstaub bekanntlich durch Druckluft über weite Strecken durch Rohre gefördert werden kann, wurde in den langen vom Tender bis zum vorderen Lokomotivende führenden Staubleitungen von 14 m Länge kein Hindernis gesehen.

Bedenken bestanden ferner hinsichtlich der Einwirkung des aus dem Schornstein ausgeworfenen Aschenstaubes auf Personenzüge, d. h. Belästigung der Reisenden durch Staub und Geruch. Erfahrungen lagen nicht vor, weil die vorhandenen Kohlenstaublokomotiven ausschließlich im Güterverkehr Dienst taten. Es wurde deshalb mit einer dieser Lokomotiven ein Personenzug gefahren, wobei die Teilnehmer die Belästigung für erträglich erklärten. Beide Beurteilungen stellten sich später – beeinflußt durch die tatsächlichen Betriebsverhältnisse im Schnellfahrbetrieb – als verfehlt heraus.

Die vom Besteller gestellten Forderungen wurden noch während des Laufes der Entwicklungsarbeiten dadurch erschwert, daß erstens die von der Erbauerfirma auf Grund ihrer Erfahrungen vorgeschlagene Anordnung des Gebläses vor den Förderschnecken abgelehnt, und zweitens eine an sich schlecht gängige, aber in großer Menge vorhandene Kohlensorte der Westfälischen Steinkohlenzeche *Ewald* in Hamm zur Verwendung bestimmt wurde. Es sollte versucht werden, dieses für den Lokomotivbau noch als Neuland zu bezeichnende Problem einer brauchbaren Lösung entgegenzuführen, wobei aber darauf Bedacht genommen werden sollte, die Lokomotive bei etwaigem Versagen in eine rostgefeuerte normale Lokomotive umwandeln zu können. Der Verfasser hoffte damals, durch Änderung der Kesselbauform und Einschaltung einer 1,5 m langen Verbrennungskammer der zu erwartenden Schwierigkeiten Herr zu werden.

Die für den Bau der Lokomotive gefolgten Grundsätze lehnen sich sinngemäß an die Ausführungen der Reichsbahn-Einheitslokomotiven an. Auf dem Tender befindet sich hinter dem Kohlenstaubbunker das Turbogebläse. Wie schon erwähnt, ließen sich die Staubleitungen nicht, wie erwünscht gewesen wäre, in gerader Linie unter dem Kessel entlang führen, vielmehr mußten sie mit entsprechenden Krümmungen den baulichen Verhältnissen angepaßt werden. Unterhalb der Feuerbüchse tritt das Staubluftgemisch aus den Schlitzen der wassergekühlten AEG-Brenner heraus, um sich in der Feuerbüchse zu entzünden.

Die Versuche zeigten schon bei den ersten Fahrten große Schwierigkeiten hinsichtlich der Verbrennung. Sobald die Leistung eine gewisse Grenze überschritt, versagte die Feuerung infolge Luftmangels. Außerdem brachte der unstetige Verlauf der Staubförderrohre Entmischungserscheinungen und beträchtliche Druckverluste, so daß mit steigender Fördermenge der Steinkohlenstaub teilweise ohne zu zünden aus den Brennern herausfiel. Für den in der Schwebe gehaltenen Teil des Staubes fehlte es bei größerer Leistung an der nötigen Verbrennungsluft und an der für das Ausbrennen erforderlichen Zeit. Die Saugzuganlage reichte nicht aus, um die Zweitluft in die Brennkammer zu ziehen. Hierbei war der Unterdruck, der sich am Kopfende der Lokomotive als Folge der Stromlinienverkleidung bildete, besonders hinderlich, außerdem lag die Lufteintrittsöffnung der Brennkammer im Windschatten des voranlaufenden Drehgestelles. Schwere Schlackennester versetzten nach verhältnismäßig kurzer Fahrt die Rohrwand.

Ein wesentlicher Teil des Kohlenstaubes trat sogar unverbrannt in die Rauchkammer ein und wurde zum Schornstein ausgeworfen. Es war nicht möglich, die von der Reichsbahn als Kesselvollanstrengung bezeichnete Heizflächenbelastung von 57 kg/m^2 Heizfläche und Stunde zu erreichen. Bauliche Veränderungen an der Sekundärluftzuführung, an der Saugzuganlage, an der Brennkammerausmauerung usw. brachten keinen Erfolg, so daß man sich schließlich gezwungen sah, die Fahrten abzubrechen.

Im Sommer 1939 kam die Lokomotive 05 003 in das Hennigsdorfer Werk der *BLW* zurück. Hier wurde zunächst die gesamte Luftführung, vom Ausblasestutzen des Gebläses beginnend, bis zu den Brennern an den kritischen Stellen mit Druckmessern besetzt. Sodann wurden Blasversuche bei den verschiedenen Drehzahlen der Turbine unternommen.

Das Werk beschloß nunmehr den Umbau der Kohlenstaubförderanlage nach seinen eigenen Grundsätzen unter Verlegung des Gebläses an das vordere Ende des Tenders, wie dieses in ihrem ursprünglichen Entwurf vorgeschlagen, aber von der Reichsbahn nicht angenommen worden war. Der inzwischen ausgebrochene Krieg verzögerte die Herstellung des Gebläses, so daß erst im Juni 1940 mit den Standversuchen begonnen werden konnte.

Schon während der zuletzt besprochenen Entwicklungszeit hatten sich für die Reichsbahn die Voraussetzungen für die Verwendung von Steinkohlenstaub für die Beheizung der Dampflokomotive grundlegend geändert, denn die Kohlenzechen konnten jetzt ihre minderwertigen Kohlensorten leicht für andere, zeitbedingte Produktionen absetzen. Zudem hatten die Versuche mit der Lokomotive 05 003 gezeigt, daß die Belästigung durch den aus dem Schornstein ausgeworfenen Staub so groß ist, daß diese dem reisenden Publikum der bevorzugten schnellen Züge nicht zugemutet werden kann. So wurde z. B. vom Dache des Meßwagens nach einer Fahrtstrecke von 500 km 25 kg niedergeschlagener Staub, das ist eine gehäufte Handkarre voll, heruntergekratzt. Der Brennstoffdurchsatz war dabei rund 8 t Steinkohlenstaub gewesen. Wenn auch die Menge des Flugstaubes bei richtiger Verbrennung wesentlich geringer werden würde, so bleibt die Wirkung doch unerträglich, zumal festgestellt wurde, daß der äußerst feine Staub auch durch die gut schließenden Fenster fabrikneuer D-Wagen hindurchdrang und das Innere der Abteile verschmutzte.

Da die Reichsbahn inzwischen dringend Bedarf an schnellen Lokomotiven hatte, gab sie den Auftrag, die Lokomotive 05 003 in eine rostgefeuerte, normale, mit dem Schornstein voraus fahrende Stromlinienlokomotive umzubauen und sie den Schwesterlokomotiven 05 001/002 anzugleichen. Aber auch die hierfür sofort in Angriff genommenen Entwurfsarbeiten mußten mit zunehmender Verschärfung der Kriegslage bald abgebrochen werden, und so wurde das Problem erst wieder aufgegriffen, als im Sommer 1944 der Mangel an Lokomotiven immer dringender wurde. Damals machte der Verfasser der Reichsbahn den Vorschlag, die untätig herumstehende hochwertige Lokomotive umzuwandeln. Der Vorschlag wurde angenommen, und so entstand in wenigen Monaten die dargestellte Lokomotive, deren Anblick jeden Lokomotivfachmann erfreuen muß.

Hauptabmessungen der Lok 05 003

Größte Geschwindigkeit	175 km/h
Zylinderdurchmesser	3 × 450 mm
Kolbenhub	660 mm
Treibraddurchmesser	2300 mm
Laufraddurchmesser	1100 mm
Gesamtachsstand	13 825 mm
Dienstgewicht	129,5 t
Reibungsgewicht	59,0 t
Achsdruck	19,6 t
Kesseldruck	20 kg/cm²
Rostfläche (nach Umbau)	4,4 m²
Heizfläche	227,95 m²
Überhitzerheizfläche	981,90 m²
Rohrlänge	5500 mm
Tender: Wasservorrat	35 m³
Kohlenstaub	10 t

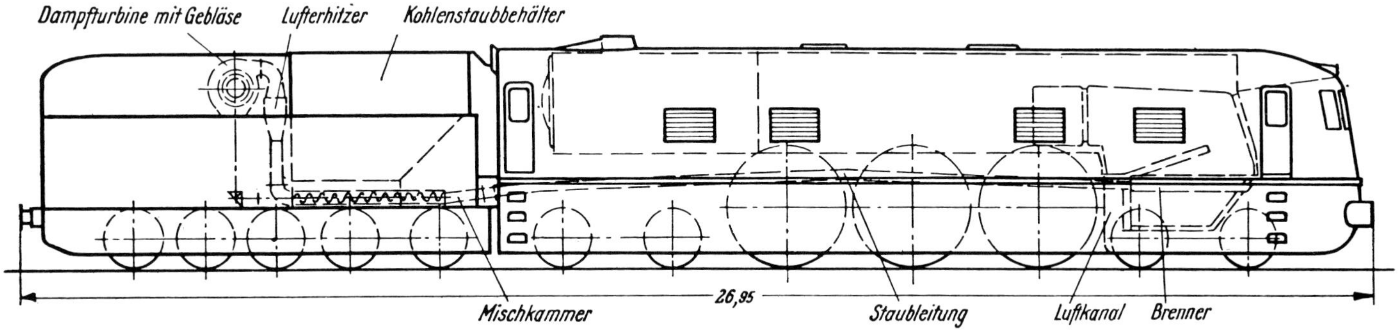

Schema der Lokomotive 05 003 mit Kohlenstaubfeuerung und Stromlinienverkleidung; aus der VDI-Zeitschrift vom 1. Januar 1938.

Vom Bau der Kohlenstaub-Stromlinienlok

Aus dem Frühjahr 1937 berichten die beiden Aufnahmen der linken Seite. Oben die Borsig-Lokomotive 05 003 noch ohne ihre Stromlinienverkleidung. Deutlich läßt diese Aufnahme aus Hennigsdorf die Gesamtanordnung mit hintenliegendem Triebwerk und Kamin erkennen. Beide Drehgestelle haben Innenlagerung erhalten. Etwas weiter fortgeschritten ist die Montage im Bild darunter, das einem Borsig-Werkskatalog von 1937 entnommen werden mußte. Hier ist der Tender bereits beigestellt. Die Fotografie auf dieser Seite unten zeigt die Kohlenstaublokomotive vor dem endgültigen Anstrich. Noch fehlen einige Klappen und der letzte Lack, doch der Borsig-Arbeiter steht bereits wie der Lokführer auf rasender Fahrt in Positur. Rolläden sollten die Räder und Bremsen zugänglich machen; die kleinen Öffnungen führten zu Sandkästen und Kohlenstaubleitungen, während die vier größeren Ausschnitte zur Belüftung des Gehäuses dienten.

05 003

05 003

Die große Unbekannte

Kaum ein Fotograf hat die Kohlenstaub-Sonderbauart bei ihren Probefahrten zwischen Herbst 1937 und Sommer 1939 vor die Linse bekommen. Am bekanntesten ist die rechts wiedergegebene Aufnahme der Lok 05 003 vor Meßwagen und Bremslokomotive auf dem Bahnhof von Brandenburg an der Havel; siehe auch Seite 58 mit der Maschine 05 001 an gleicher Stelle. Da das Reichsbahn-Zentralamt Berlin für die Konstruktionsmerkmale aller Stromlinienloks zuständig war, ist der Text aus dem »Deutschen Reichsbahn-Kalender« von 1939 heute noch lesenswert. Auf der linken Seite stellen zwei Borsig-Werkfotos vom Sommer 1937 die rostbraun lackierte Lokomotive vor. Der Tender der Bauart 2'3 T 38,5 St blieb ein Einzelstück. Der Faltenbalg hatte nur die Funktion, Luftwirbel zwischen Lok und Zug etwas zu mindern, und konnte nicht betreten werden.

Die neue Stromliniendampflokomotive mit vorne liegendem Führerstand der Borsig-Lokomotiv-Werke während einer Versuchsfahrt in Brandenburg (Havel)

Bild: Reichsbahn-Zentralamt Berlin

Reichsbahn und Handwerk

Reichsbahn-Zentralamt Berlin

Das Reichsbahn-Zentralamt Berlin ist die größte zentrale Konstruktions- und Beschaffungsstelle der Deutschen Reichsbahn. Die Konstruktion und Fortentwicklung der Dampflokomotiven, Personen- und Güterwagen sowie anderer Fahrzeuge und maschinellen Anlagen, die Oberbaudurchbildung, Konstruktion der Weichen und Ausbildung der Sicherungseinrichtungen, die zentrale Behandlung von Betriebsfragen, der Güterverteilungsdienst, das Versuchswesen auf fast allen Gebieten der Eisenbahntechnik und zentrale Abrechnungsaufgaben sind in diesem wichtigen Amte vereinigt. Hinzu kommt der Einkauf aller genannten Fahrzeuge und die Beschaffung des Oberbaues, der Sicherungseinrichtungen, aller wichtigen Betriebs- und Werkstoffe. Mit einer Auftragssumme von rund 475 Millionen Reichsmark an Handwerk und Industrie ist das Reichsbahn-Zentralamt Berlin der größte Einkäufer der Deutschen Reichsbahn. Die Konstruktionen, die auf allen Gebieten der Eisenbahntechnik im Reichsbahn-Zentralamt in Gemeinschaftsarbeit mit der deutschen Industrie entwickelt worden sind, sind als vorbildliche Leistungen in der Welt bekannt. Sie verdanken dies vor allem der guten, einwandfreien Werkmannsarbeit, die in den vielen Werkstätten der Eisenbahnlieferungsindustrie geleistet wird. Die Zahl der in allen Gauen Deutschlands für die Reichsbahn schaffenden Handwerker, in der Industrie und im selbständigen Gewerbe vermag daher gar nicht erfaßt zu werden. Eine der neuesten Konstruktionen deutscher Fahrzeugtechnik, die vom Reichsbahn-Zentralamt Berlin entwickelt worden ist und auf Versuchsfahrten erprobt wird, ist die von den Borsig-Lokomotiv-Werken erbaute Stromlinienlokomotive der Bauart Reihe 05 mit vorne liegendem Führerstand. Das Bild zeigt sie mit angehängtem Lokomotiv-Meßwagen auf einer Versuchsfahrt. Die angehängte Lokomotive wirkt der Stromlinienlokomotive entgegen, um die verschiedenen Belastungsmöglichkeiten erforschen zu können.

August 1938	25 Donnerstag	26 Freitag	27 Sonnabend
25. 1844 Erste Staatsbahn in Bayern Nürnberg–Bamberg eröffnet.	SA 4.58 MA 5.00 SU 19.06 MU 18.33	SA 4.59 MA 6.22 SU 19.04 MU 18.58	SA 5.01 MA 7.42 SU 19.01 MU 19.21

105

Deutscher Reichsbahn-Kalender

Ein Jubiläum mit der Lokomotive 05 003

Am 22. Juli 1937 feierte man in Hennigsdorf den hundertsten Firmengeburtstag, denn am 22. Juli 1837 hatte August Borsig in seiner Fabrik an der Berliner Chausseestraße den »ersten Guß« von Eisen unternommen. Nun stand die Stromlinien-Kohlenstaublokomotive 05 003 zur Ablieferung bereit. Die Aufnahme unten zeigt wieder den Schornstein sowie am Tender die Einfüllöffnungen für den Brennstoff und das Lüftergitter am Fördergebläse für den Kohlenstaub. Dahinter ist die leichte Schnellzuglok 03 281 aufgefahren worden. Rechts oben ist das Festprogramm von diesem Tag wiedergegeben. Darunter ist die prominente Festversammlung vor der Lok 05 003 aufgereiht: Vor der Tendermitte der Verkehrsminister Dorpmülle und der Staatssekretär Kleinmann mit Borsig-Direktor Dr. Litz, unter dem zweiten Lüfter von links Erich Metzeltin, links unterhalb des Nummernschildes Friedrich Röhrs, unter dem vierten Lüfter von links Adolf Wolff und viele andere, dazu Angehörige der Wehrmacht und der Nazi-Partei.

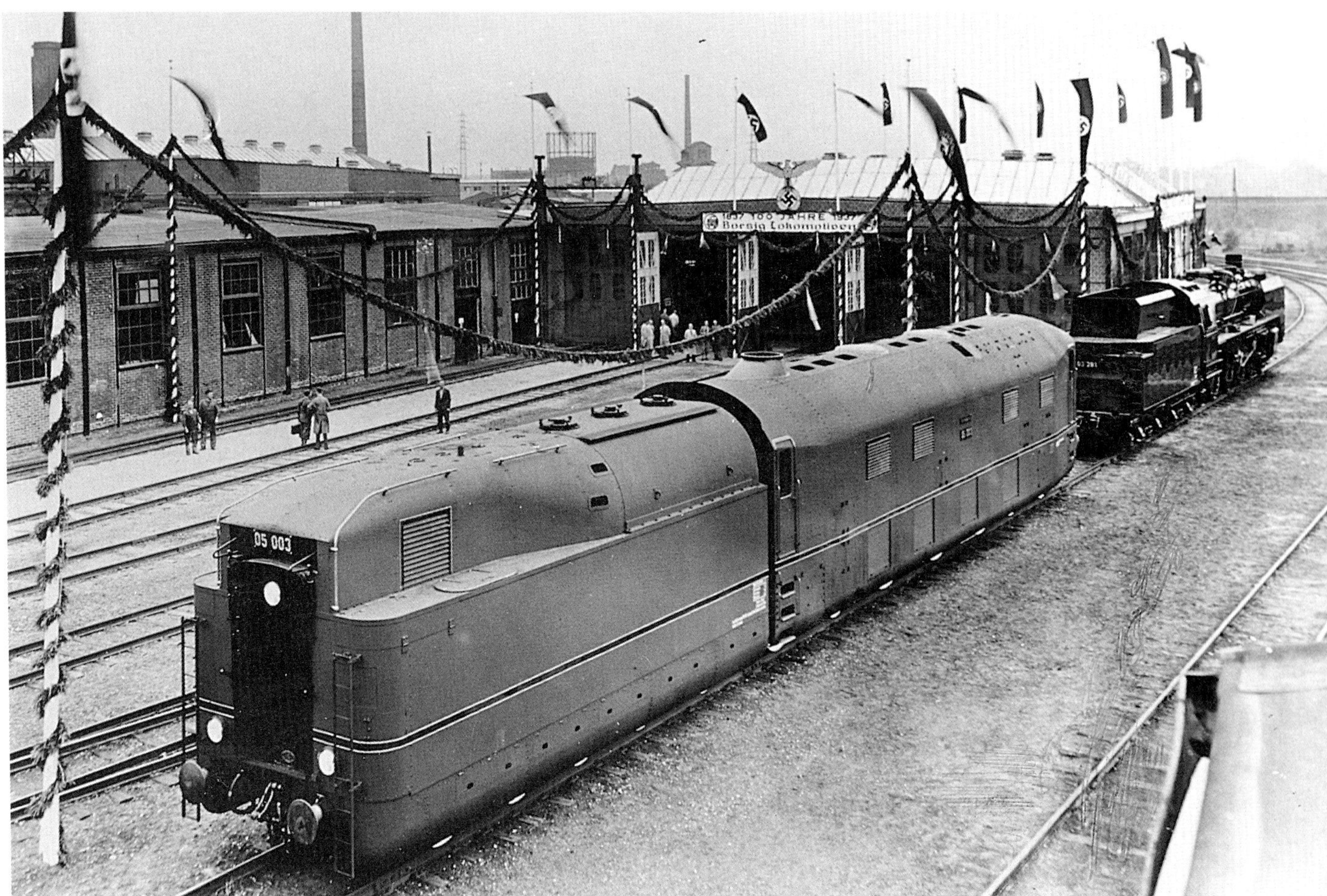

BORSIG LOKOMOTIV-WERKE
G. M. B. H.
Hennigsdorf

100 Jahre Borsig Lokomotiven
Donnerstag, den 22. Juli 1937

Festfolge:

11[50] Uhr **Empfang der Gäste**

12[00] Uhr **Beginn der Gedenkfeier**

1. **Fahneneinmarsch** . . . . Werkschar
2. **Ouvertüre** a. d. Oper Fidelio . . . . . . *L. v. Beethoven*
   AEG Sinfonie Orchester Kap.-Mstr. *Max. Sternitzki*
3. **Ansprache des Betriebsführers** . . . Dr. Ing. *Val. Litz*
   Übergabe der 100. von der Borsig Lokomotiv-Werke G.m.b.H. gebauten Schnellzuglokomotive der Baureihe 03 an die Deutsche Reichsbahn
4. **Ansprache des Herrn Reichsverkehrsministers,**
   Generaldirektor der Deutschen Reichsbahn Dr. Ing. *J. Dorpmüller*
5. **Ansprache des Herrn Oberpräsidenten der Provinz Brandenburg,** Gauleiter des Gaues Kurmark . . . Staatsrat *Stürtz*
6. **Ansprache des Gefolgschaftsmitgliedes,** Jubilar *Max Pützschel*
7. **Huldigungsmarsch** aus Sigurd Jorsalfar . . . . . . *Grieg*
   AEG Sinfonie Orchester, Kap.-Mstr. *Max. Sternitzki*
8. **Schlußworte des Betriebsobmannes** . . . . *Fr. Materne*
   (Ausklang der Feier)
9. **Fahnenausmarsch** . . . . Werkschar

Die umgebaute Lok 05 003

Wie schon in dem Text von Adolf Wolff beschrieben, wußte man sich mit der verbauten Kohlenstaub-Stromlinienlok während des Krieges bald keinen Rat mehr. Sie blieb im Werk abgestellt, bis man in den Wirrnissen des fünften Kriegsjahres sich wieder ihrer entsann, und so baute sie das Lieferwerk 1944 in die Regelausführung um. Nun kam ihrem Aussehen die Innenlagerung der Drehgestelle sehr zustatten (Bild unten). Schließlich brachte man auch noch einen gewissen Sichtschutz aus Blechplatten sowie den martialischen Tarnanstrich an, mit dem die Lok endlich im Februar 1945 von der Reichsbahn abgenommen wurde (Bild rechts oben). Im März 1945 dampfte sie von Berlin bis in die Nähe von Husum, wo sie bis September 1945 stehenblieb. Nach einer Inspektion in Altona, die wegen fehlender Ersatzteile nicht zur Inbetriebnahme führte, lag sie bis Mai 1947 bei Neumünster auf dem Abstellgleis fest (Bild rechts unten). Erst danach konnte sie in Hamm wieder eine Zeitlang eingesetzt werden, siehe dazu Seite 260. Ein weiterer Umbau folgte dann 1950.

05 003

05 003

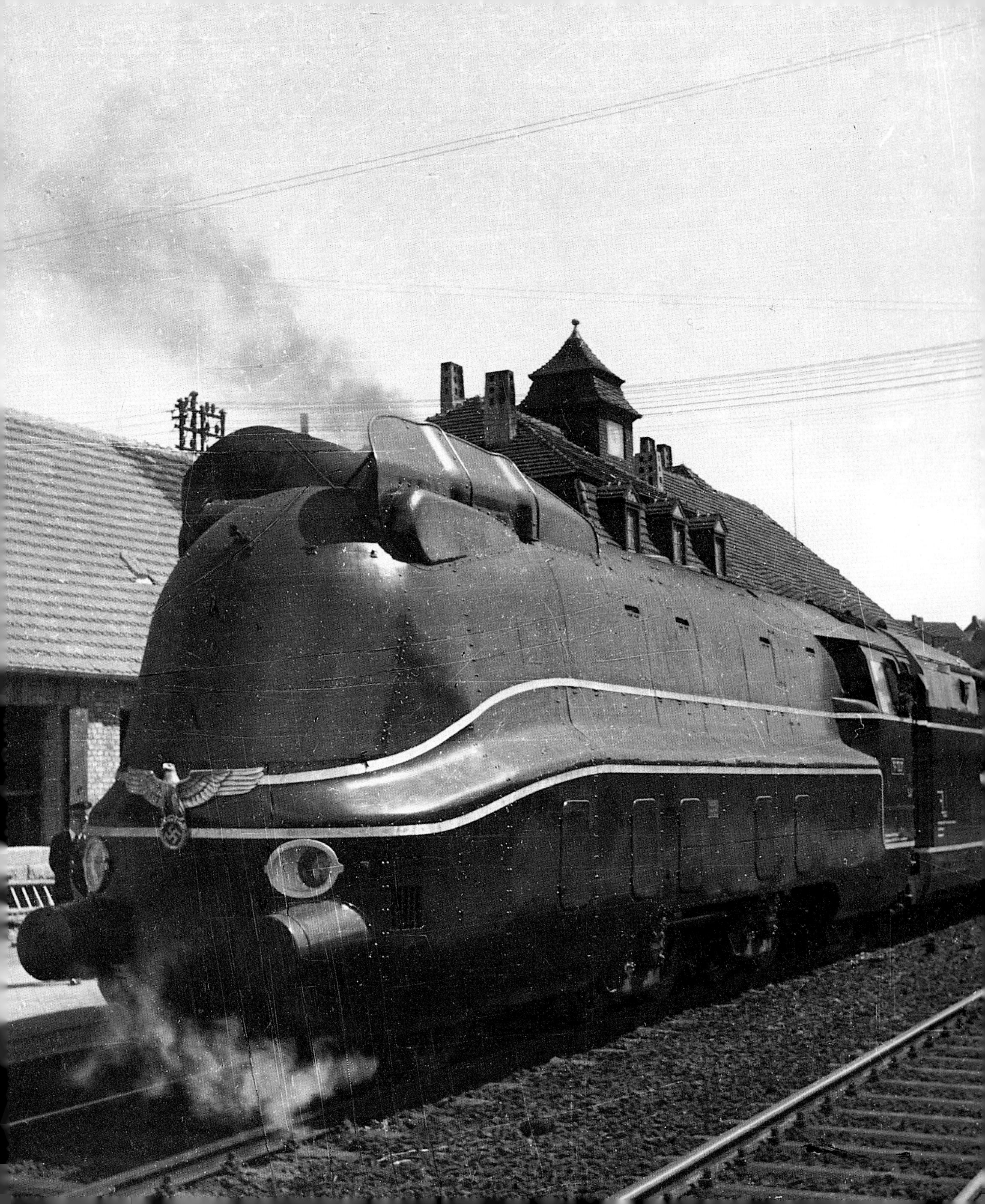

Achtes Kapitel
Die Lokomotive 19 1001 mit Dampfmotorantrieb

Glückliche Umstände haben die Geschichte der Dampfmotorlok 19 1001, wie sie ab 1937 nach den Plänen der Henschel-Ingenieure Dr. Barske und Dr. Roosen entwikkelt und gebaut worden ist, für den Lokomotivkenner von heute durchsichtiger gemacht als bei vielen anderen Lokomotivtypen. So hat Richard Roosen in seinem Erinnerungsbuch »Ein Leben für die Lokomotive« von 1976 den eigenen Arbeiten an dieser Maschine ein umfangreiches Kapitel gewidmet. Mit seiner Unterstützung und der Hilfe der Lieferfirma, bei der sich noch eine Fülle von Fotografien fand, hat 1972 auch Horst Troche eine wahrhaft erschöpfende Beschreibung der Lokomotive 19 1001 von den ersten Skizzen über ihren Bau, die Werksprobefahrten und die Betriebsmessungen bis hin zu dem Transport nach den Vereinigten Staaten angefertigt, so daß wir uns hier kürzer fassen können. Die Konstruktion der Lokomotive selbst wurde bei Henschel von W. Böhmig und Bruno Riedel besorgt, die dort Nachfolger von Georg Heise geworden waren. Am 13. Juni 1941 wurde die Lok mit der Fabriknummer 25 000 in einem Festakt an die Reichsbahn übergeben. Bei dem Entwurf ging es um den wirklich bahnbrechenden Versuch, die herkömmliche Kolben-Dampfmaschine weiterzuentwickeln, ohne gleich eine Turbine für den Antrieb vorzusehen: Man zerlegte die bisher in zwei bis vier Zylindern aufgebaute Maschinenleistung, indem man sie auf insgesamt acht Zylinder verzweigte, die jeweils paarweise und hochtourig die einzelnen Achsen antreiben sollten.

Die Gesamtidee war durchaus so revolutionär, daß amerikanische Spezialtruppen sich dafür interessierten: Man wählte die Lok nach dem Kriegsende 1945 dazu aus, über den Atlantik zu reisen und dort noch als Studienobjekt für Experten zu dienen, die an eine Weiterentwicklung der Dampflokomotive glaubten. Leider hat später niemand das Geld für eine Rückführung der Lok nach Deutschland gehabt. Links ein Bild von den Probefahrten mit der Lok 19 1001 im Juni 1941.

Schnellzuglokomotive mit Einzelachsantrieb

Ein historischer Text
Von Richard Roosen

Den ersten Fachbericht über die Dampfmotorlokomotive hat 1942 der »Lokomotivpapst der Reichsbahn«, Richard Paul Wagner, geschrieben. Wegen des Krieges konnte der Text nicht erscheinen; er ist seitdem verschollen. Erst in der »Technischen Rundschau« aus Bern vom 22. Februar 1957 (Seite 5) hat Dr.-Ing. Roosen, der für den Antrieb der Lokomotive 19 1001 verantwortliche Leiter des Henschel-Entwicklungsbüros, aus der Arbeit an dieser Maschine berichtet. Daraus ein Auszug.

Die Lokomotive 19 1001 entstand nach Vorschlägen der Firma Henschel & Sohn, Kassel, in Zusammenarbeit mit der Deutschen Reichsbahn mit dem Ziel, eine für den damals geplanten Schnellverkehr mit leichten Zügen von 200–250 t geeignete Bauart für sehr hohe Fahrgeschwindigkeiten bis zu 175 km/h zu schaffen. Für einen solchen Betriebszweck waren in den dreißiger Jahren zahlreiche

Entwürfe für Einzelachsantrieb durch Dampfmotoren und auch mit Turbinenantrieb bekannt geworden, alle mit dem Ziel, die freien Massenkräfte des üblichen Lokomotivtriebwerkes herabzusetzen und Kuppelstangen mit ihrem hohen Ölverbrauch sowie die bisher für hohe Fahrgeschwindigkeiten erforderlichen sehr großen Raddurchmesser mit ihren toten Lasten zu vermeiden. Über die seinerzeit in mehreren Ländern entstandenen Studien und Probeausführungen solcher Einzelachsantriebe berichtet ausführlich der Aufsatz des Verfassers in der Zeitung des »VDI«, Nr. 7/8, 1943.

Die bei der Lok 19 1001 angewandte Konstruktion zielte nun darauf ab, einen einfachen Einzelachsantrieb mit möglichst wenig Dampfzylindern und trotzdem hochwertigem Massenausgleich zu schaffen. Hierfür schlug die Firma Henschel V-Motoren mit je zwei Zylindern in 90°-Stellung vor, deren Massenausgleich seinerzeit in dem Aufsatz Roosen-Barske in dem »Henschel-Heft« Nr. 15, 1938, näher erläutert worden ist. Diese Zylinderanordnung bringt einen vollen Ausgleich der Massenkräfte 1. Ordnung. Die Maschinen konnten mit so geringer Baubreite ausgebildet werden, daß sie sich außerhalb der Radebene unterbringen ließen. Charakteristisch für den bei der Lok 19 1001 gewählten Antrieb ist ferner, daß die Schnelläufigkeit der Dampfmaschinen durch Anwendung eines kleinen Treibraddurchmessers, also ohne Zahnradvorgelege, erzielt wird. Aus Platzgründen wurden zwei Achsen von links (Nr. 1/3), von rechts (Nr. 2/4) angetrieben.

Die Lokomotive wurde im Herbst 1941 der Deutschen Reichsbahn übergeben und anschließend vom Lokomotiv-Versuchsamt Grunewald einer größeren Anzahl von Meß- und Erprobungsfahrten unterworfen, sowie bei einigen Betriebsfahrten mit Meßwagen untersucht. Diese Erprobungsfahrten dienten dazu, soweit es die Kriegsumstände erlaubten, einige Grundlagen zu gewinnen und ferner einige Kinderkrankheiten, wie sie jeder Neukonstruktion anhaften, zu beseitigen. Diese Untersuchungen mußten wegen des kriegsbedingten Mangels an Personal und Zeit leider auf die Ermittlung der Leistungs- und Verbrauchsdaten am Zughaken beschränkt werden. Eine Indizierung der Zylinder an der fahrenden Lokomotive ließ sich daher nicht durchführen.

Die Lokomotive wurde dann 1943 dem Bw Altona zugewiesen und hat, da in der Kriegszeit ein Schnellstverkehr mit leichten Zügen nicht möglich war, bis 1944 planmäßige D- und SFR-Züge von 600–650 t Gewicht auf den Strekken Altona–Berlin L und Altona–Osnabrück befördert. Nachdem sie Anfang 1944 geringfügig durch Bombensplitter beschädigt worden war, jedoch schnell wieder repariert werden konnte, wurde sie im August 1944 im Bw Altona durch einen erneuten Bombentreffer, der eine der vier Dampfmaschinen zerstörte, außer Betrieb gesetzt. Die Lok fand sich bei Kriegsende abgestellt in der Nähe von Göttingen. Sie wurde von der amerikanischen Besatzungsmacht der Firma Henschel zur Reparatur zugeführt, machte im Oktober 1945 noch eine kurze Probefahrt Kassel–Wabern und wurde darauf von der US-Army nach Amerika verschifft. Dort ist sie eine Zeitlang ausgestellt worden; sie wurde aber nicht in den Zugdienst eingesetzt, da sie für amerikanische Verkehrsverhältnisse eine zu kleine Bauleistung aufwies und im Zuge der Verdieselung an Interesse verlor. Offenbar hat auch mehr die Dampfmaschinenkonstruktion als die Lokomotive selbst interessiert. Sie wurde in Fort Eustis, Va., abgestellt und dürfte inzwischen verschrottet worden sein. Soviel zu ihrem äußeren Lebensgang.

Nun zu den Ergebnissen selbst. Die Deutsche Reichsbahn stellte Ende 1942, nach Beendigung der Meßwagenversuchsfahrten, zusammenfassend folgendes fest:

1. Außergewöhnliche Laufruhe bis zu den höchsten Geschwindigkeiten (gefahren wurde bis 180 km/h), was diesen Einzelachsantrieb in hervorragender Weise für Schnellstverkehr geeignet macht. – Mit dieser Feststellung war das gesteckte Entwicklungsziel erreicht.
2. Vorteile durch die gekapselte Bauart der Dampfmotoren, wie vereinfachte Überwachung und Bedienung, sowie geringer Schmierölverbrauch, was das Langstrekkenfahren wesentlich erleichtert.
3. Der spezifische Dampfverbrauch lag im mittleren Geschwindigkeitsbereich in der gleichen Größenordnung wie bei der 01-Zwillings- und 01^{10}-Drillingslok und wesentlich günstiger als bei der österreichischen Lokomotive Baureihe 12.
4. Bei wesentlich höheren als den der Konstruktion zugrunde gelegten Zuglasten traten gewisse Anfahrschwierigkeiten auf.
5. Anfänglich vorhandene Mängel der Feueranfachung wurden durch eine Justierung der Luftführung und eine angepaßte Heiztechnik behoben.

Schäden an den Dampfmaschinen sind laut diesem Bericht während der Erprobungszeit nur in verhältnismäßig geringem Maße aufgetreten. Die Lokomotive 19 1001 verhielt sich nach ihren Meßergebnissen als ausgesprochene Höchstgeschwindigkeitsmaschine, was sie ja auch gemäß ihren baulichen Grundgedanken sein sollte. In dieser Beziehung bezeichnet der Abschlußbericht des Versuchsamtes diesen Neubau als bestens geglückt.

Die ersten Nachkriegsjahre mit ihrer bekannten Not und

Mangellage boten leider keine Möglichkeit, den eingeschlagenen Weg fortzusetzen, zumal einstweilen so hohe Fahrgeschwindigkeiten nicht in Betracht kamen. Der dann einsetzende Strukturwandel der Zugförderungsmittel, der sein Ziel in weitgehender Elektrifizierung und Verdieselung des Betriebes der Bundesbahn sieht, ließ die früheren Pläne dann ganz zurücktreten.

Hauptabmessungen der Lok 19 1001

Größte Geschwindigkeit	175 km/h
Achsanordnung	1′Do1′
Gewicht der betriebsfähigen Lok	
einschl. Tender mit vollen Vorräten	189,9 t
mit $^2/_3$ Vorräten	175,5 t
Reibungsgewicht	75,8 t
Zylinder-Durchmesser	8 × 300 mm
Kolbenhub	300 mm
Treibrad-Durchmesser	1250 mm
Kesseldruck	20 kg/cm²
Verdampfungsheizfläche	240 m²
Überhitzerheizfläche	100 m²
Rostfläche	4,55 m²
Drehzahl der Dampfmaschine	
bei Höchstgeschwindigkeit 175 km/h	742 U/min
Mittlere Kolbengeschwindigkeit	
bei Höchstgeschwindigkeit	7,42 m/sec
Tender: Wasservorrat	38,0 m³
Kohlenvorrat	12,5 t

Unten: Seitenansicht der Lokomotive 19 1001 im November 1940 bei Henschel, darunter eine Skizze im Zustand von 1941.

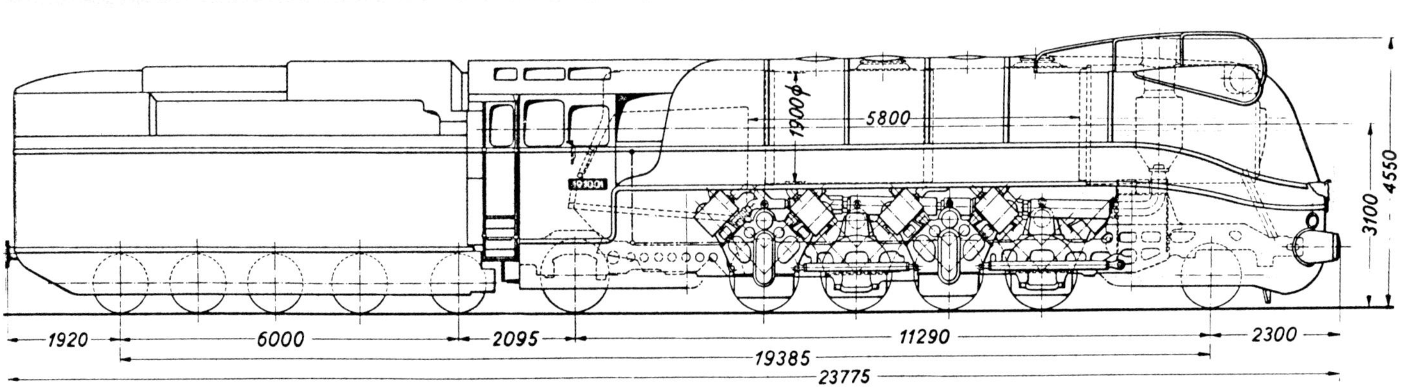

Vom Bau der Dampfmotorlokomotive

Zunächst ein Blick in die Werkhallen von Henschel während des Aufachsens der neuen Maschine. Noch fehlen die V-Einzelachsmotoren und die Kesselverkleidung. Das Bild unten wurde im Frühjahr 1940 aufgenommen. Rechts oben eine Szene im Entwicklungsbüro »TB 4« der Lokomotivfabrik Henschel & Sohn in Kassel, Oktober 1939. Die Ingenieure Dr. Ulrich Barske (links) und Dr. Richard Roosen (rechts) stehen am Zeichenbrett. Angeheftet ist die Konstruktion des Einzelachsantriebs der Dampfmotorlokomotive 19 1001 der Deutschen Reichsbahn. Daneben die erste Ausfahrt dieser Lok durch die Wolfhager Straße in Kassel am 9. August 1940. Zur Erprobung war zuerst nur ein Dampfmotor angebaut, während die Aufnahme rechts unten vom November 1940 die rechte Lokomotivseite komplett mit zwei V-Motoren zeigt. Dahinter die unverwechselbare Henschel-Architektur.

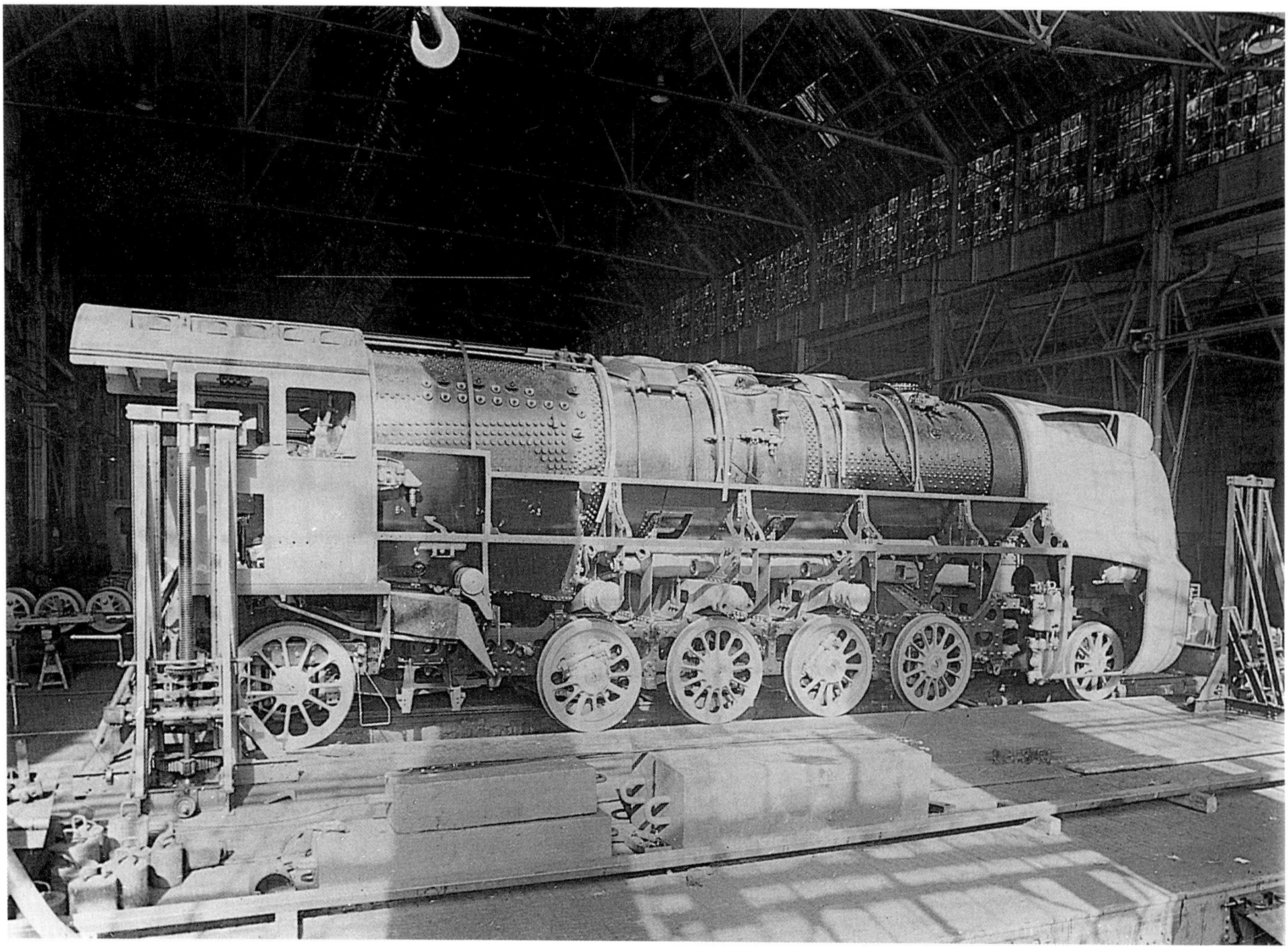

RP-37768

19 1001

TRAGE IMMER DAS ZEICHEN DEINER ORGANISATION

Probefahrten mit der Einzelachslok

Links oben ist die Lokomotive 19 1001 bei der ersten Streckenfahrt nach Hannoversch-Münden am 9. August 1940 hinter einer vorsorglich mitgenommenen »Angstlok« zu sehen. Alle Erkenntnisse aus dem Betrieb des ersten Dampfmotors wurden sogleich in die übrigen drei Antriebe eingearbeitet. Darunter steht die Lok auf dem Werkshof von Henschel nach Rückkehr von einer Probefahrt des Jahres 1940. Die große Aufnahme der rechten Seite zeigt eine Probefahrt vom 20. Februar 1941 zur piezoelektrischen Indizierung der Zylinder an Maschine Achse 1 vor der Abfahrt im Hauptbahnhof Kassel. Vor der Rauchkammertür Obering. Mischke und Ing. Rüggeberg. Auf dem Bahnsteig von links: Dr.-Ing. Barske, Dr.-Ing. Roosen, Obering. Riedel, Dipl.-Ing. Götte, Obering. Hany, Dipl.-Ing. Piehler, ganz rechts ein unbekannter Mann. Der endgültige Anstrich fehlt der Lok noch.

19 1001

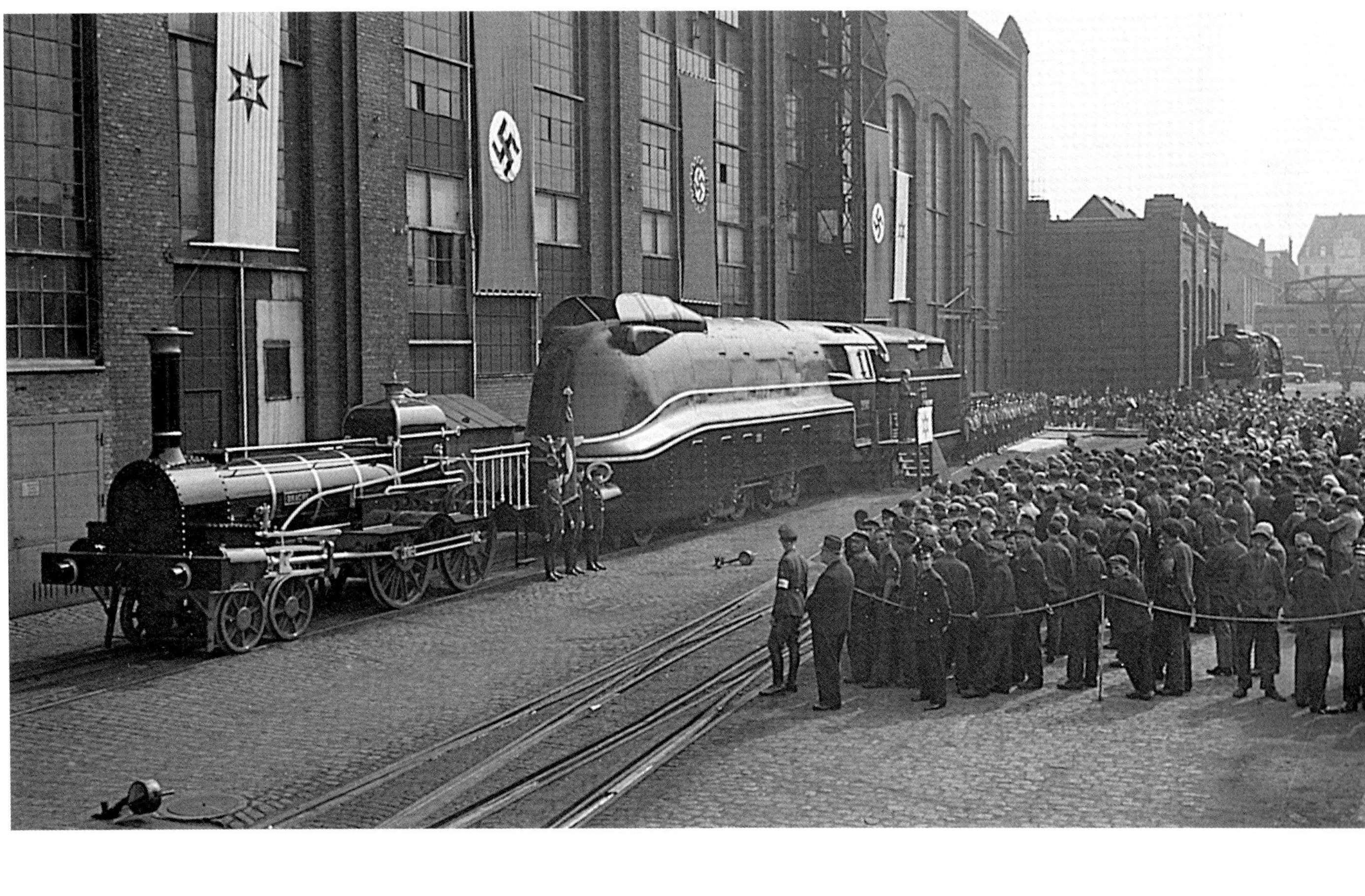

Übernahme durch die Reichsbahn

Im Juni 1941 war die Dampfmotorlok so weit erprobt, daß man ihr den endgültigen Anstrich auflackierte (Verkleidung schwarz mit silbergrauem Zierstreifen, Laufwerk rot, Dampfmotoren grau abgesetzt) und sie der Reichsbahn übergeben konnte. Am 13. Juni 1941 sprach Firmenchef Oscar R. Henschel vor der Fabriknummer 25 000 seines Unternehmens zu den Arbeitern und Gästen (Bild links oben). Vor dem Zweiten Weltkrieg hatte man geplant, die Lok zu seinem 40. Geburtstag am 1. September 1939 fertig zu haben. Neben die Dampfmotorlok 19 1001 hatte man den Nachbau der ersten Henschel-Lokomotive »Drache« von 1848 geschoben, im Hintergrund wartete die Güterzuglok 50 1441. Der Bau dieser Type hatte nun, wenige Tage vor dem deutschen Überfall auf die Sowjetunion, bald Vorrang (Bild links unten). Wie rührend friedlich erscheint dagegen die Fotografie unten, entstanden auf dem Hof der Henschelwerke in Kassel. An einem sonnigen Morgen im Juni 1941 arrangierte der Hausfotograf Rudolf Kreutzer dieses malerische Bild aus der 19 1001 und dem Sohn des für die allgemeine konstruktive Durchbildung der Lokomotive – außer dem Dampfmotorantrieb – zuständigen Abteilungsleiters, des Regierungsbaumeisters a. D. Bruno Riedel mit seiner kleinen Holzeisenbahn.

In Grunewald

Gleich im Juli 1941 kam die Sonderlokomotive zum Versuchsamt für Lokomotiven in Berlin-Grunewald, wo sie einem verkürzten Meßprogramm unterzogen werden sollte. Hier gelang auch Hermann Maey seine Standardaufnahme in typischer Umgebung, die das Bild unten zeigt. Darüber ein Blick auf den Tender der Dampfmotorlok. Hier war der auch bei den Reihen 06 und 01^{10} verwendete Tender 2′3 T 38 St vorgesehen, der jedoch für solche Langläufe wie zwischen Hamburg und Köln einen etwas vergrößerten Kohlevorrat erhielt. Nur wenige Monate später fuhren vom Güterbahnhof Grunewald die ersten Züge nach Auschwitz ab.

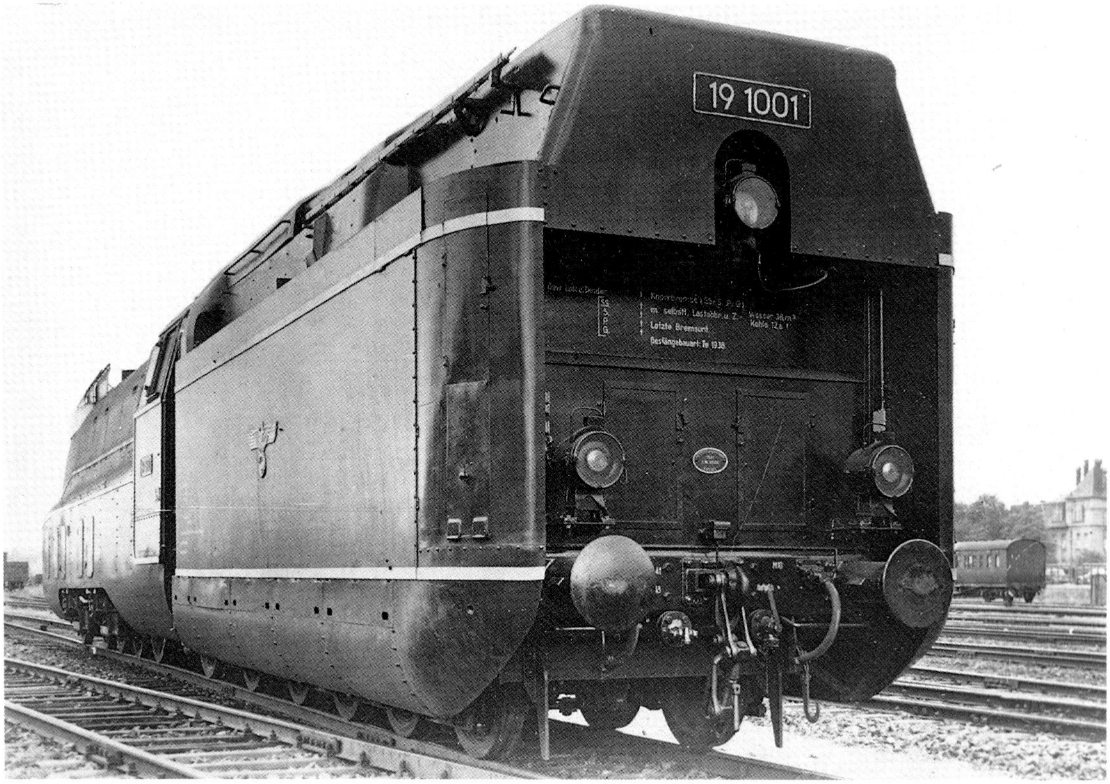

Im Betrieb

Die untere Aufnahme zeigt die Lokomotive 19 1001 bei Betriebsmeßfahrten vor einem 650 t schweren Schnellzug mit beigestelltem Meßwagen in der Relation Frankfurt (Main)–Erfurt, und zwar auf der Rampe zwischen Bebra und dem Hönebacher Tunnel im Juli 1942. Die Treibachsen schleuderten, Vorspann mußte her. Vor langen D-Zügen hatte die Schnellfahrlok begreiflicherweise keine leichte Aufgabe, war sie doch für kurze Züge mit hohem Tempo gedacht gewesen. Das bestätigte auch der zwangsweise Betriebseinsatz. Zwischen Mai und November 1943 stand die sagenumwobene Maschine wegen des Lokomotivmangels der Kriegszeit im planmäßigen Schnellzugdienst zwischen Hamburg und Berlin, obwohl ihre Erprobung und endgültige Einstellung für den Betrieb noch nicht abgeschlossen waren. Die Aufnahme oben entstand im beschädigten Hamburger Hauptbahnhof.

Lokomotiven mit Dampfmotoren

Während ihres Aufenthalts in Grunewald hat Hermann Maey 1941 auch eine Nahaufnahme der Dampfmaschine an der ersten Treibachse hinter ihren Klappen gemacht; zugleich dokumentierte er auch die auffällige Fabriknummer 25000 und das legendäre Henschel-Nummernschild der 19 1001 mit der von 1939 auf 1941 abgeänderten Jahreszahl. Die Grunewalder Versuchsleute der Reichsbahn nannten die außergewöhnliche Lokomotive scherzhaft »die Neunzehn aus tausendundeiner Nacht«. An dieser Stelle muß auch an ein Projekt erinnert werden, das dem Entwurf der Lok 19 1001 vorangegangen war. In einem Henschel-Katalog heißt es dazu: »Für verstärkten Zugverkehr sollte eine 1'Ch2-Güterzuglokomotive, Gattung G 6 der Lübeck-Büchener Eisenbahn, in eine 1'Co2'-Schnellzug-Tenderlokomotive mit Einzelachsantrieb umgebaut werden. Der Umbau wurde 1938/40 zum Teil durchgeführt, aber nicht vollendet (geplante Baureihe 77^{10} der Deutschen Reichsbahn, Zylinderdurchmesser 6 × 335 mm, Kolbenhub 375 mm).« Das Interesse an dieser Maschine war nach der Verstaatlichung der LBE leider erloschen. Die Skizze rechts oben gibt den Aufzug, die Fotografie darunter den Zustand im Juni 1939 wieder. Die Stromschale hat eine gewisse Ähnlichkeit mit der Baureihe 61 von Henschel.

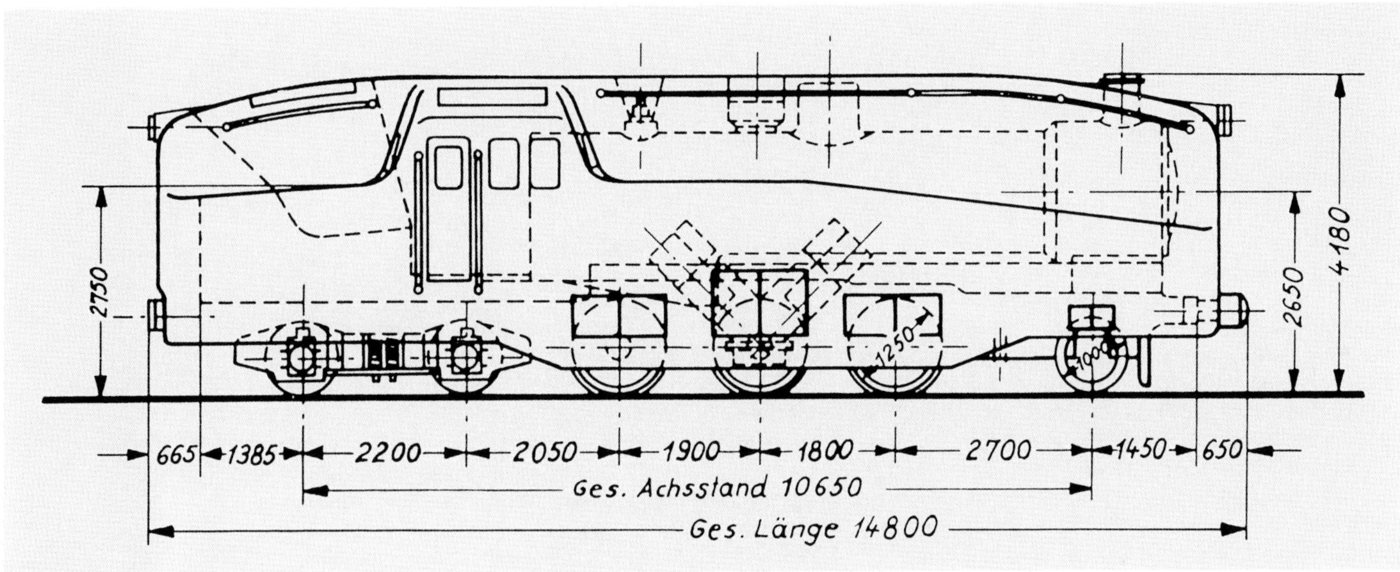
2750
2650
4180
665
1385
2200
2050
1900
1800
2700
1450
650
Ges. Achsstand 10650
Ges. Länge 14800

Neuntes Kapitel Ein Blick auf Stromlinie und Hakenkreuz

Wenige Monate, nachdem die in den beiden vorangegangenen Kapiteln vorgestellten Lokomotiven 61 002 und 05 003 an die Reichsbahn abgeliefert worden waren, und noch während der Endmontage der Prototypen 01 1001 oder 03 1001 und 19 1001, war die angespannte »Vorkriegszeit« des Dritten Reiches abgelaufen. Die Zeit der Stromlinienloks war vorüber, ehe sie recht begonnen hatte: In Sommer 1939 besaß die Deutsche Reichsbahn erst ein halbes Dutzend von Stromlinienlokomotiven, und ihren folgenden Serienlieferungen war das Schnellfahren von Anfang an verwehrt. Wie war damals das Verhältnis zwischen Staat und Staatsbahn, zwischen dem Reich und seiner Reichsbahn? An dieser Stelle heißt es demnach, innezuhalten und einen Blick über den Zaun auf andere Disziplinen zu werfen. Nicht von ungefähr ist nämlich das Wort »Stromlinie«, das ja die Formgebung auch in anderen Bereichen als allein bei der Eisenbahn meint, unter den ernsthaften Kennern von Kunst- und Kulturgeschichte zum Ausdruck für einen bestimmten politischen Zeitgeist geworden, der einen naiven technischen Fortschrittsglauben und die damit verbundene Ideologie der Volksgemeinschaft sehr wohl dafür zu benutzen wußte, um von der Realität einer an den materialistischen Widersprüchen und Konflikten reichen Gesellschaft abzulenken. Dort heißt »Stromlinie« die Verdeckung der sozialen Wirklichkeit hinter einer Fassade glatter Harmonie, fürwahr ein Handwerk, das die Machthaber seit 1933 zu beherrschen wußten: War man nicht stolz auf den mit der Lokomotive 05 002 erreichten Weltrekord, tilgte nicht auch er die Schmach von Versailles? Fühlte sich nicht, wie es damals in der Fachpresse zu lesen war, das ganze deutsche Volk ausgezeichnet durch die Verleihung der Goldenen Verdienstmedaille der British Instutition of Locomotive Engineers an den Dezernenten für die Bauart der Dampflokomotive im Reichsbahn-Zentralamt Berlin, R. P. Wagner, im Sommer 1935? Und sollten uns nicht Bilder von einer »majestätischen« Lok der Type 01^{10} vor einem mit Flakwagen gespickten »Führerzug« im Anhalter Bahnhof bei der Rückkehr aus dem besiegten Frankreich 1940 nachdenken machen ob des martialischen und allzu selbstbewußten Gehabes anderen, gar heutigen Tages? Auch die utopischen »Breitspurbahn-Lokomotiven«, die auf Wunsch Adolf Hitlers zur Ausbeutung Rußlands ab 1940 geplant worden sind, waren zeitgemäß stromlinienförmig angelegt. Nicht weit ist es vom eisernen Kleid dieser Lokomotiven zur stählernen Rüstung der Panzerzüge im Zweiten Weltkrieg. Links noch einmal die Maschine 19 1001 im Juni 1941. In diesem Monat begann der Krieg gegen die Sowjetunion.

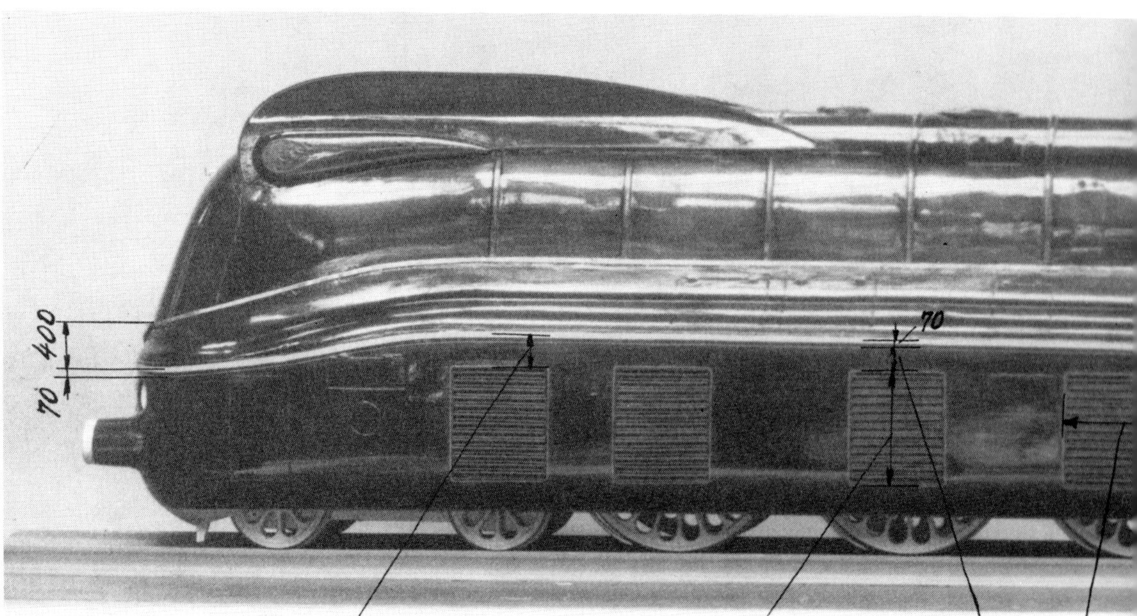

Dekor der Macht

An Modellen wurde nicht nur die den Luftwiderstand vermindernde Funktion der Stromlinienverkleidung gemessen; man benutzte sie auch als Hilfsmittel zur Verbesserung des Aussehens der Lokomotiven. Zufällig sind im Verkehrsmuseum Nürnberg zwei Fotografien aus dem Jahre 1938 erhalten, welche Einblick in das Be-

mühen geben, die im Reichsbahn-Zentralamt Berlin geplanten Dreizylinder-Schnellzugloks der Reihen 01^{10} und 03^{10} ansprechend zu dekorieren. Die Stromschale war durch den Wegfall des Umlaufblechs am Kessel glatter geworden; man wollte durch Linien die Geschwindigkeit betonen. Der Anstrich sollte zu dieser Zeit noch schwarz gehalten sein, die Linien waren ursprünglich in roter Farbe gedacht, dann in weißer. Kleine Unterschiede zwischen den beiden Typen kamen durch den dünneren Kessel und den kürzeren Tender der Baureihe 03^{10} zustande, allerdings hat man in dem Modellfoto unten auch die Dekoration dieses Typs am Muster der schwereren Baureihe 01^{10} behandelt.

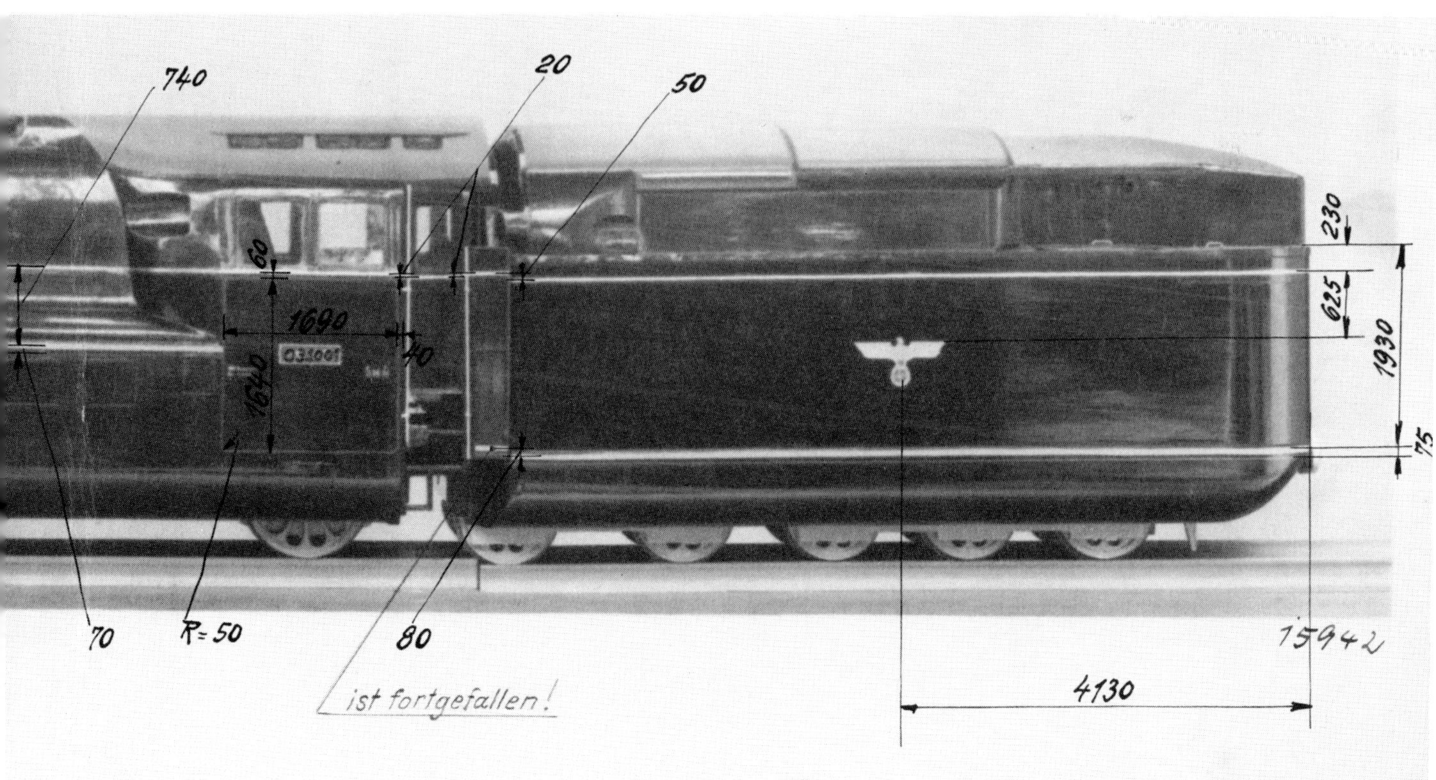

H

Stromlinie und Hakenkreuz

Am 12. Januar 1938 verfügte das Reichsverkehrsministerium, daß bestimmte Fahrzeuge der Reichsbahn in nächster Zeit das Hoheitszeichen in Verbindung mit den Buchstaben »DR« erhalten sollten. Einen Entwurf für den Adler mit dem Hakenkreuz ließ sich die Reichsbahn von dem Münchner Bildhauer Klein machen. Er wurde in einer Aluminiumlegierung für Lokomotiven, Triebwagen und Durchgangswagen hergestellt, für die Rheingoldwagen sogar aus Bronze. An Abteilwagen mußte ein Abziehbild ausreichen. Eine besondere Gußform sah man dagegen bei der Elokreihe E 19 vor, deren erstes Exemplar im Dezember 1938 vorgestellt wurde. Sie sollte bis zu 225 km/h Höchstgeschwindigkeit erreichen und war für die wichtigsten Züge zwischen Berlin und München vorgesehen (Bild links oben). Auch die Schnelltriebwagen des ab 1938 gebauten dreiteiligen Typs »Köln« waren damit ausgerüstet (Bild links unten). Für die Stromlinien-Lokomotiven kam Anfang 1939 eine besondere Anweisung heraus, deren Details das Reichsbahn-Zentralamt Berlin bearbeitet hatte (Bild rechts).

Deutsche Reichsbahn
Reichsbahn-Zentralamt Berlin
2337 Fkldas 5

Berlin, den 2. Januar 1939

An alle örtlichen RBD,
alle GDW, das RZA München
und das RVM, Abwicklungsstelle Wien

Betr: Hoheitszeichen an Dampflok

Das RVM hat angeordnet, daß alle stromlinienförmig verkleideten Dampflokomotiven an der Stirnfläche mit einem Hoheitszeichen wie bei den Schnelltriebwagen und an den Tenderseitenwänden mit einem 900 mm breiten Hoheitszeichen anstelle der 600 oder 680 mm breiten Hoheitszeichen an den Führerhausseitenwänden zu versehen sind. Wir haben daher die Zeichnung Fld 24.22 Blatt 1 1. Ausgabe "Hoheitszeichen für Lokomotiven" neu überarbeitet und überreichen Ihnen anbei Abdrucke der 2. Ausgabe sowie Abdrucke dieses Rundschreibens zur gefl Bedienung.

Zusatz nur für das RVM, Abwicklungsstelle Wien:

Je 5 Abdrucke der Zeichnung und des Rundschreibens sind für die RBD Linz, Wien und Villach beigefügt.

Zusatz für die RBD Hamburg:

Die Lok 05 001 und 05 002 erhalten an der Stirnfläche kein Hoheitszeichen. Dagegen ist das 900 mm breite Hoheitszeichen, das beim RAW Brandenburg-West angefordert werden kann, an den Tenderseitenwänden anzubringen. Über ihre Anordnung sowie die der Schilder an den Führerhausseitenwänden werden wir Ihnen noch eine besondere Zeichnung zugehen lassen.

Deutsche Reichsbahn
Reichsbahn-Zentralamt Berlin
gez Ziem

Beglaubigt:

Stromlinie und Krieg

Durch den Beginn des Zweiten Weltkrieges und die daraus folgende strengere Rohstoffbewirtschaftung haben nur wenige deutsche Stromlinienlokomotiven den großen Hakenkreuz-Adler an ihrer Stirnfläche erhalten: 01 1001 und 19 1001 sind die einzigen bekannten Beispiel dafür, während das deutsche Hoheitszeichen auf den Tendern häufiger zu sehen ist. Besonders fiel die Ausstattung der Lok 01 1001 damit auf, als sie vor Hitlers Staatszug bei der Rückkehr aus dem besetzten Frankreich am 6. Juli 1940 in den Anhalter Bahnhof von Berlin einfuhr. Die Bilder dieser Seite erreichten durch die Wochenschau-Propaganda damals fast jeden Deutschen, während die Anzeigen auf der rechten Seite aus der Eisenbahn-Fachpresse entnommen sind. Überraschenderweise ist das Zeichen von Adler und Hakenkreuz selbst in den abstrakteren Werbegrafiken noch zu erkennen, die zwischen 1942 und 1944 gedruckt worden sind.

Zugbeleuchtung
und Anlaßeinrichtungen
Eines der vielen
Anwendungsgebiete
für
AFA-Blei-Akkumulatoren
433
AFA
ACCUMULATOREN-FABRIK AKT.-GES

Für die Reinigung
in Verkehrsbetrieben
P3
Verlangen Sie
ausführliche
Druckschriften.
HENKEL & CIE. A-G · DÜSSELDORF

ELEKTRON und
HYDRONALIUM
LEICHTMETALLE DER
I·G·FARBENINDUSTRIE AKTIENGESELLSCHAFT · BITTERFELD
LEIPZIG

HENSCHEL
142
ÜBER 25000 LOKOMOTIVEN

Verkleidung, Rüstung und Panzer

Jede strömungsgünstige Hülle bei Schiff, Flugzeug, Automobil oder Lokomotive sorgt dafür, daß das umgebende Medium – Wasser oder Luft – leicht durchdrungen werden kann. Bildhaft gesprochen, wehrt die Stromlinien-Verkleidung den auf sie wie eine Fülle von Pfeilen eindringenden Wind ab; diese Idee spricht auch aus der Henschel-Anzeige von 1942 auf der linken Seite. Wohl hat die eiserne Rüstung des Panzerzuges von 1942, den die Fotografie darunter zeigt, mit ihrem dickeren Stahl und dem kantigen Blech zur Abwehr von Geschossen andere Aufgaben zu erfüllen, aber das Design von Stromlinie und Rüstung jener Zeit steht sich nicht sehr fern. Das wird auch an den Skizzen deutlich, die 1942 zu Lokomotiven für die Drei-Meter-Breitspurbahn angefertigt worden sind. Hitler wollte sie bauen lassen, um nach dem Krieg die eroberten Länder Europas auszubeuten und zu beherrschen. Dazu wurden schnelle und starke Triebfahrzeuge benötigt, wie im Entwurf zu einer Gasturbinen-Schnellzuglokomotive von BBC für 250 km/h Höchstgeschwindigkeit. Angenommene Leistung 25 000 PS, geplantes Gewicht 585 t. Darunter eine geplante Güterzuglok mit Gruppenantrieb und Kondensation für 100 km/h Höchstgeschwindigkeit. Auch an diesem Projekt ist ein Hoheitszeichen im Stil der Zeit vorgesehen.

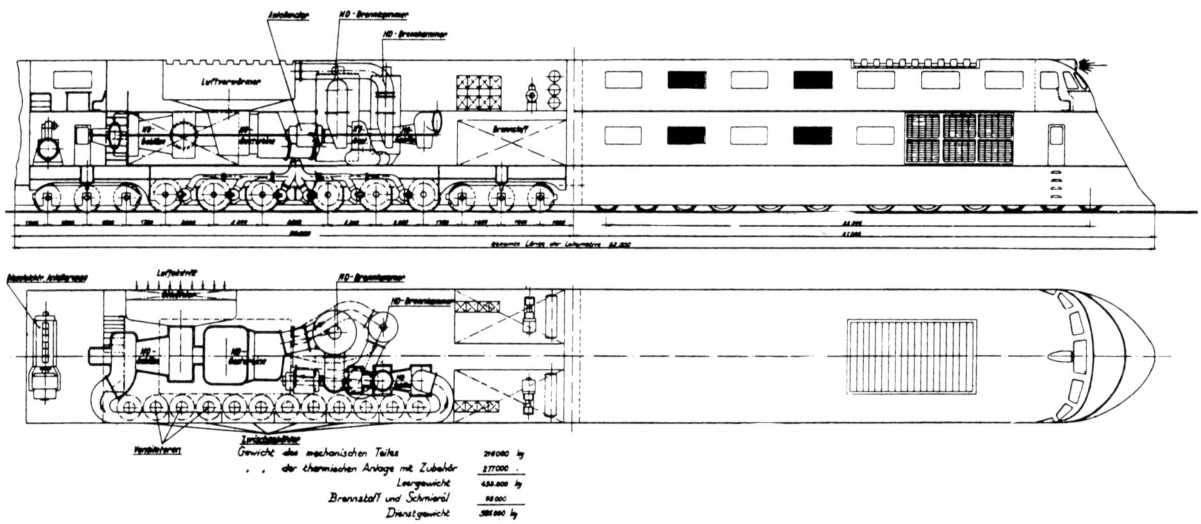

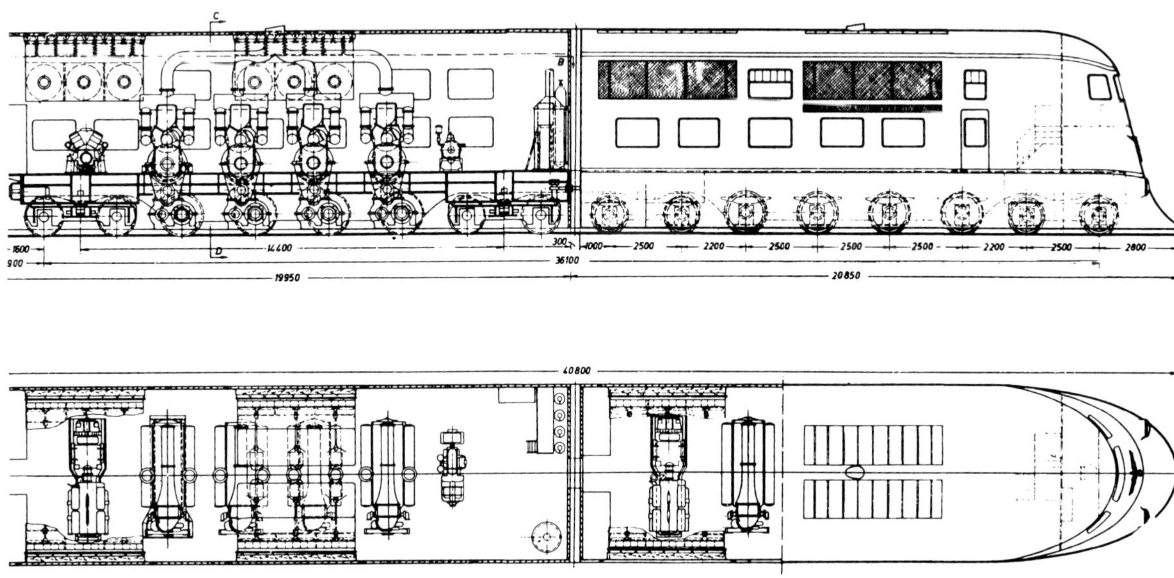

Zehntes Kapitel
Die Super-Pazifiks der Baureihe 01^{10}

In dem großen Lokomotiv-Beschaffungsprogramm vom März 1939 waren gleich 400 Stück dieser durch Einbau eines Innenzylinders und Anlegen der Stromschale aus der schon in über zweihundert Exemplaren vorhandenen Reihe 01 entwickelten schweren Schnellzugmaschinen zur Beschaffung vorgesehen. Im Juli 1939 stand bei Schwartzkopff die Vorauslokomotive 01 1001, Fabriknummer 11000, zu Probefahrten bereit. Sie kostete 250800 Reichsmark. Für ihre Aufgaben wäre wohl längst ein leistungsfähiger Vierkuppler vonnöten gewesen, doch lag keine geeignete und erprobte Konstruktion vor.

An weiteren Beschaffungen der Reihe 01^{10} waren 1939 bereits Aufträge über die 01 1002 bis 1051 an Krupp, die 01 1052 bis 1105 wieder an Schwartzkopff, die 01 1106 bis 1130 an Borsig, die 01 1131 bis 1155 an Henschel, die 01 1156 bis 1180 an Krauss-Maffei sowie die 01 1181 bis 1205 nochmals an den Erstlieferer vergeben worden, doch trat die Reichsbahn wegen der Kriegszeit von der Mehrzahl dieser Verträge wieder zurück. Allein die Maschinen 01 1052 bis 01 1105 wurden von Schwartzkopff noch gebaut und zwischen Februar und September 1940 bahnamtlich abgenommen. Damit besaß die Deutsche Reichsbahn immerhin 55 der für 150 Stundenkilometer entworfenen Renner, konnte indes auf Grund der entspannten Fahrpläne von diesem Tempo schon keinen Gebrauch mehr machen. Die Betriebsaufnahme aus jenen Jahren sind rar, geben aber doch Aufschluß über die 1942 angeordnete teilweise Freilegung der äußeren Triebwerke und einen etwas rigoroseren Ausschnitt des Blechkleides im Jahre 1944. Nach Kriegsende wurde dann die Stromschale Stück für Stück abgebaut, bis die Bundesbahn den 54 noch vorhandenen Loks ab 1949 ein neues Aussehen gab. Diese Erscheinungsform mußte wiederum zwischen 1953 und 1957 mit dem Neubaukessel nochmals geändert werden, schließlich erhielten 34 Maschinen sogar eine Ölfeuerung. Für lange Zeit bildeten sie nun auf den nicht elektrifizierten Strecken der DB das Rückgrat der schweren Schnellzugförderung, und ihre letzten Jahre beim Bahnbetriebswerk Rheine haben bis 1975 die ostfriesische Strecke nach Norddeich zum Mekka all derjenigen werden lassen, welche die letzten Pazifik-Dampfloks in ganz Westeuropa noch bei angestrengter Arbeit sehen wollten. Links eine Aufnahme vom Bau der Lok 01 1001 in Wildau, 1939.

Schnellzuglokomotive 01 1001

Ein historischer Text
Aus einem Schwartzkopff-Katalog

Im Jahre 1938 schmückte die »Berliner Maschinenbau-Actien-Gesellschaft vormals L. Schwartzkopff« einen repräsentativen Firmenkatalog »Unsere Lokomotiven der Jahre 1935–1938« auf dem Umschlag mit einer Zeichnung ihrer jüngsten Entwicklung: Da dampfte im Bild schon die Lokomotive 01 1001, die noch in den Werkhallen von Wildau zusammengebaut wurde. Auf diesen kurzen Vorbericht (1.) folgt hier ein Abschnitt aus der amtlichen Beschreibung (2.).

1. Die neueste Entwicklung der Dampflokomotive, im Inland wie im Ausland, ist gekennzeichnet durch die Stei-

gerung der Geschwindigkeit. Bei den schnellsten Dampflokomotiven für den Personenverkehr wird diese Entwicklung heute auch äußerlich an der stromlinienförmigen Verkleidung erkennbar. Bereits bei einer Fahrgeschwindigkeit von 100 km/h werden hierdurch Ersparnisse bzw. eine entsprechende Leistungssteigerung erzielt, die die Mehrkosten der Verkleidung rechtfertigen. Bei Geschwindigkeiten über 100 km/h wächst der Leistungsgewinn sehr schnell an und ist bald größer als die Ersparnisse, die Überhitzer und Vorwärmer brachten. Dazu kommt die auch im praktischen Betriebe bewiesene Tatsache, daß die Dampflokomotive mit normalem Stangenantrieb ohne weiteres in der Lage ist, mit dem Schnelltriebwagen Schritt zu halten, dabei aber den großen Vorteil bietet, Verkehrsspitzen viel leichter zu folgen als der Triebwagen, die Mitführung internationaler Kurswagen und die Gewährung aller jener Bequemlichkeiten zu ermöglichen, die heute für eine längere Reise als selbstverständlich angesehen werden.

Da eine nennenswerte Überschreitung einer Fahrgeschwindigkeit von 150 km/h im praktischen Betriebe auch aus wirtschaftlichen Gründen und nicht allein mit Rücksicht auf den Bremsweg bei den heutigen Vorsignalabständen wohl kaum in Frage kommen wird, die bisherigen Einheitsschnellzuglokomotiven Reihe 01 und 03 aber heute schon für eine Höchstgeschwindigkeit von 140 km/h durchgebildet sind, bietet allein schon der Übergang zum Drilling-Triebwerk jene Geschwindigkeitssteigerung, die für die Erfüllung der vorstehenden Aufgabe erforderlich ist.

In Verbindung mit einer Stromlinienverkleidung der gesamten Lokomotive einschließlich des Tenders entsteht so die neuzeitliche schnelle Fern-D-Zuglokomotive. Der Entwurf dieser Lokomotivtype ist in Gemeinschaftsarbeit der Deutschen Reichsbahn mit uns und anderen deutschen Lokomotivfabriken entstanden; wir haben die erste Stromlinienschnellzuglokomotive der Reihe 01 mit Drilling-Triebwerk zur Zeit im Bau.

2. Die Einheitslokomotive 01^{10} ist durch Anordnung eines dritten Zylinders und vollständige Verkleidung von Lokomotive und Tender aus der 01-Lok hervorgegangen. Sie besitzt dieselbe Laufwerksanordnung und dieselben Radstände wie die bisherige 01-Lok und ist für Hauptbahnen mit einem Achsdruck von 20 t bestimmt, auf denen sie schwere Schnellzüge befördern soll. Infolge der gut abgestimmten Verhältnisse von Kessel und Triebwerk kann sie aber auch leichtere Schnellzüge mit besonders hoher Geschwindigkeit wirtschaftlich fahren.

Ihre Achsanordnung 2′C1′ gewährleistet sowohl gute Fahreigenschaften bis zur Höchstgeschwindigkeit als auch die Unterbringung eines leistungsfähigen Kessels, der eine gute Ausnutzung des Reibungsgewichts auf Hügellandstrecken zuläßt...

Die Stromlinienverkleidung umschließt den Kessel mit sämtlichen Aufbauten und Armaturen und ist vorn und an den Seiten bis dicht über die Schienen herabgeführt. Das Triebwerk ist zwecks Wartung durch Rolläden zugänglich. An der Führerhausseitenwand angebrachte bewegliche Klappen decken den Zwischenraum zwischen Lokomotive und Tender ab. Die Lichtmaschine, Pumpen, Armaturen usw. sind durch Klappen zugänglich...

Die Lokomotiven sind mit dem neuentwickelten gleichfalls verkleideten fünfachsigen Tender 2′3T38St mit einem Fassungsvermögen von 38 m^3 Wasser und 10 t Kohle gekuppelt, der zur Entlastung des Heizers eine selbsttätige Kohlennachschubvorrichtung besitzt. Der Achsstand von Lokomotive und Tender ist so bemessen, daß die Lok auf der 23-m-Drehscheibe gedreht werden kann.

Hauptabmessungen der Baureihe 01^{10}

Größte Geschwindigkeit	150 km/h
Zylinderdurchmesser	3 × 500 mm
Kolbenhub	660 mm
Treibraddurchmesser	2000 mm
Fester Achsstand	4600 mm
Gesamtachsstand	12400 mm
Gesamtachsstand einschließlich Tender	20370 mm
Länge über Puffer einschließlich Tender	24130 mm
Leergewicht	102,5 t
Betriebsgewicht	113,76 t
Reibungsgewicht	61,14 t
Größter Achsdruck	20,38 t
Kesseldruck	20 kg/cm^2
Rostfläche	4,32 m^2
Verdampfungsheizfläche	246,9 m^2
Überhitzerheizfläche	86,5 m^2
Länge der Rohre	6800 mm

Übersichten der Baureihe 01¹⁰ im Lieferzustand von 1939/40 (oben) und in der Fassung mit ausgeschnittener Triebwerksverkleidung von 1941 (Mitte). Darunter die Form bei der DB mit dem alten Kessel.

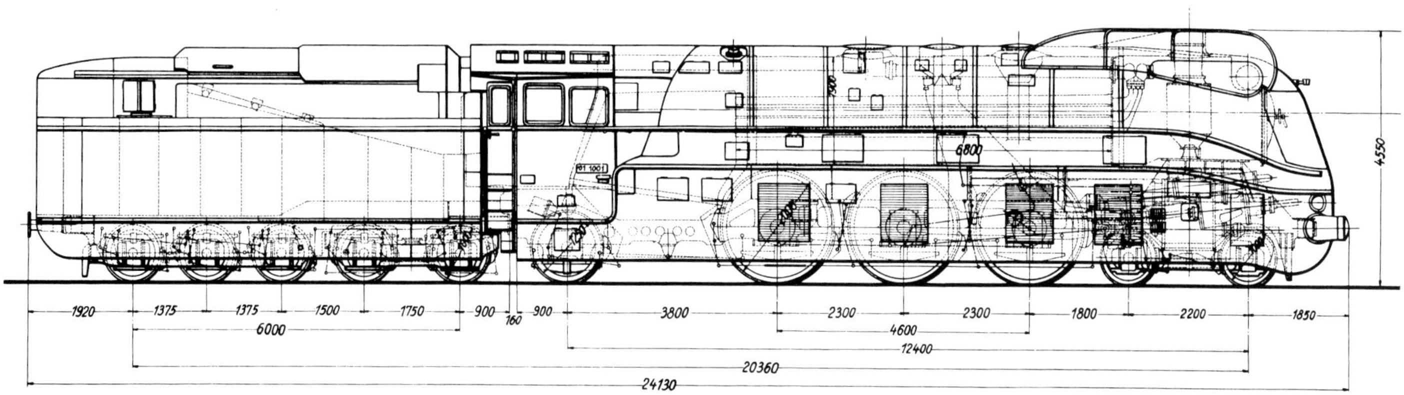

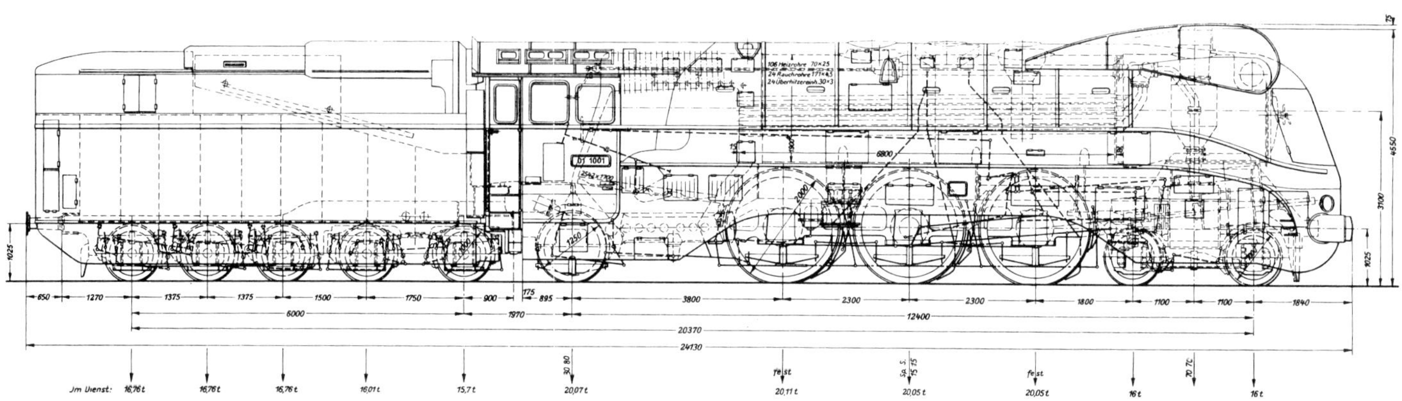

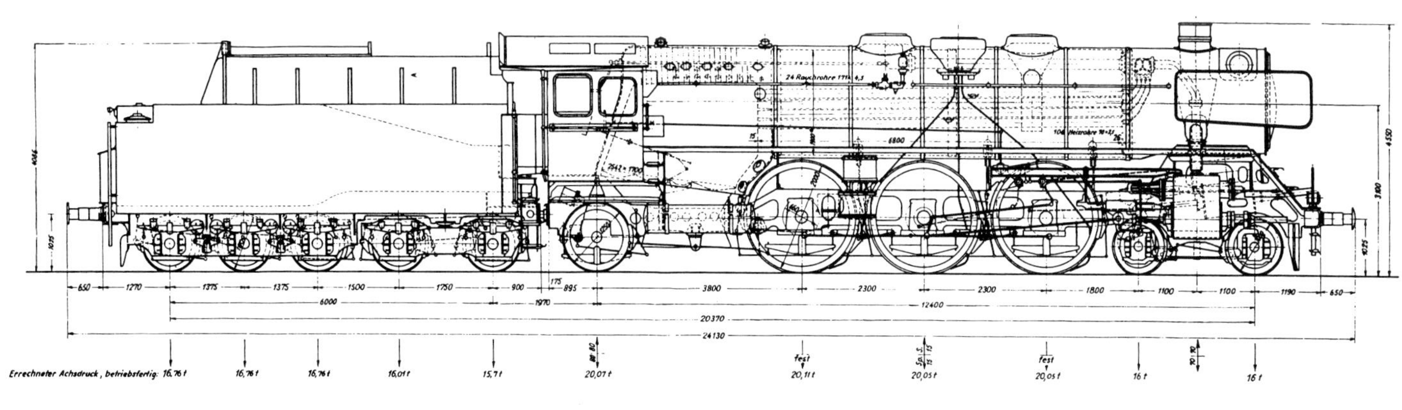

20085

20 095

Bau und Abnahme

Alle 55 Maschinen der Baureihe 01^{10} wurden von der Lokfabrik Schwartzkopff gebaut. Die beiden Aufnahmen der linken Seite stellen die Baumusterlokomotive 01 1001 nahe dem Verwaltungsgebäude der Firma in Wildau an der Berlin-Görlitzer Eisenbahn vor. In dem oberen Gruppenbild mit Vertretern des Vereinheitlichungsbüros der deutschen Lokfabriken ist als dritter von links der für diese Baureihe verantwortliche Konstrukteur Heinrich Wagner zu erblicken. Es scheint, als sei die Maschine 01 1001 zuerst schwarz lackiert gewesen, doch wurde als endgültiger Farbton für den Anstrich dann anthrazitgrau gewählt. Die Fotografie links unten läßt den Wandel erkennen; auch bei den Zierlinien und dem Fabrikschild sind Veränderungen festzustellen. Unter den Herren vor der Lok 01 1001 ist hier als dritter von links der Baudezernent für Dampf- und Öllokomotiven im Reichsbahn-Zentralamt Berlin zu erkennen, Abteilungspräsident Richard Paul Wagner. Vierter und fünfter von links sind hier die Oberingenieure Ludwig und Meckel aus dem Vereinheitlichungsbüro, in dem die meisten Einheitslokomotiven durchkonstruiert worden sind. Zur Abnahme der Reihe 01^{10} war das Reichsbahn-Ausbesserungswerk Braunschweig bestimmt, auf dessen Hof im Bild unten die vereiste Lokomotive 01 1059 steht; Aufnahmetag 17. Februar 1940. Die historische Fotografie hat durch die Zeitumstände sehr gelitten.

01 053

Auf Berliner Bahnhöfen

Vor dem Südportal des Anhalter Bahnhofs in Berlin steht im Bild links die Stromlinienlok 01 1053, die im Februar 1940 an das Betriebswerk Leipzig West ausgeliefert worden war. Sie hatte wohl den Zug D 24 am Haken, der über Leipzig, Reichenbach und Regensburg nach München fahren sollte. Die kleine Aufnahme unten links führt in das Bahnbetriebswerk des Anhalter Bahnhofs und zeigt drei Betreuer der Lokomotive 01 1062, die seit dem 18. März 1940 in diesem Schuppen stationiert war. Reklame für den Film »Der Gasmann« mit Heinz Rühmann sollte das kleine Bild unten rechts machen, denn in diesem Streifen spielte die Reise nach Berlin eine gewisse Rolle. Die Aufnahme der Maschine 01 1060, ebenfalls dem Betriebswerk Anhalter Bahnhof zugeteilt, ist im August 1940 auf dem Potsdamer Fernbahnhof von Berlin entstanden.

01 1088

Beheimatet in Dresden-Altstadt

Zwischen 1940 und 1942 waren die vier Lokomotiven 01 1088 bis 1091 fabrikneu in Dresden stationiert. Die klassische Seitenaufnahme der Maschine 01 1088 (links unten) verdanken wir Werner Hubert vom Deutschen Lokomotivbild-Archiv, der in Dresden wohnte. Er stand 1941 auch bei Klotzsche in der Dresdner Heide und nahm die qualmende Lok 01 1088 vor dem schweren Breslauer Schnellzug D 35 auf (links oben). Im Mai 1942 wurde sie nach Braunschweig versetzt. Ebenfalls in Dresden war die unten gezeigte Lokomotive 01 1090 stationiert. Der Bahnsteig hat auf dieser Aufnahme in Doberlug-Kirchhain wegen der Verdunklung eine helle Kante erhalten; die Schreibweise des Ortsnames war damals germanisiert worden. Die einzeln fahrende Lok dürfte sich auf einer Überführungsfahrt befunden haben. Bei genauerer Betrachtung der verschiedenen Aufnahmen fällt übrigens auf, daß die hellen Zierlinien an der Baureihe 01^{10} in zwei Formen angebracht worden sind: Die ersten Maschinen von 01 1052 bis 1060 oder 1061 erhielten an der Stirnseite zwei Blechstreifen übereinander. Der dort vorgesehene Adler mit dem Hakenkreuz ist wegen des Krieges nur an der (schon 1939 gebauten) Maschine 01 1001 angebracht worden und dann zur Rohstoffersparnis weggefallen. Deshalb änderte man im März 1940 ab Lokomotive 01 1061 (oder 1062) die Form der unteren Linie, die nun neben dem Puffer mit drei Rückstrichen endete. Schon bald wurde das Personal zur Pflege des Blechs knapp.

F
24

Erste Gehversuche der Reihe 01^{10}

Aus dem ersten Kriegsjahr, 1940, berichten die drei Aufnahmen dieser Doppelseite. Oben links dampft die Stromlinienlok 01 1076 mit offenen Zylinderhähnen auf Gleis 7 durch den Hauptbahnhof von Hannover; sie war in Hannover Ost stationiert. Unten links noch einmal eine Dresdner Maschine bei Rathen. Es ist die Lok 01 1089 am berühmten »Posten 24« zu Füßen der Bastei in der Sächsischen Schweiz, einem beliebten Aufnahmestandpunkt von Werner Hubert, vor dem Schnellzug D 62 Dresden – Prag. In das Bahnbetriebswerk von Halle P führt die große Aufnahme oben. Für die Arbeit an den Stromlinienmaschinen waren immer große Leitern nötig. Warum die Lok 01 1089 so eifrig geputzt wurde, obwohl sie laut Statistik nach Dresden gehörte, wissen wir nicht. Vielleicht war ein Sonderzug zu bespannen.

Stromlinienloks im Krieg

Nur in den wenigen und zugleich düsteren Kriegsjahren von 1940 bis etwa 1943 konnte man die Stromlinienloks der Baureihe 01^{10} so fahren sehen, wie sich das ihre Schöpfer gedacht hatten. Am 8. März 1941 wurde ihre zulässige Höchstgeschwindigkeit von 150 auf 140 km/h herabgesetzt; gleichzeitig sollte schon bei der nächsten Zwischenausbesserung die Verkleidung über den Treibrädern entfernt werden. Daher zeigen diese Aufnahmen nagelneue Lokomotiven in einer gewissen Endphase ihrer Laufbahn; nach dem Krieg begann ein anderes Kapitel. Einen der Münchner Mittagszüge auf dem abgelegenen Pfad über Jena Saalbahnhof hat die Maschine 01 1053 vom Bahnbetriebswerk Leipzig West in der Aufnahme unten aus dem Jahre 1941 am Zughaken. Der Lokführer hat gerade die Temperatur des Triebwerks überprüft, und auf dem Bahnsteig posieren zwei Reisende für den Fotografen. Rechts oben wartet die Maschine 01 1101 vor einem Münchner Schnellzug anno 1942 mit offenen Rolläden im Nürnberger Hauptbahnhof, darunter donnert die Leipziger Lokomotive 01 1086 im märkischen Raum vor dem Schnellzug D 238 von Berlin über Leipzig, Gera, Nürnberg und Crailsheim nach Stuttgart; genauer Aufnahmeort unbekannt. Die Wagen sind alte Preußen.

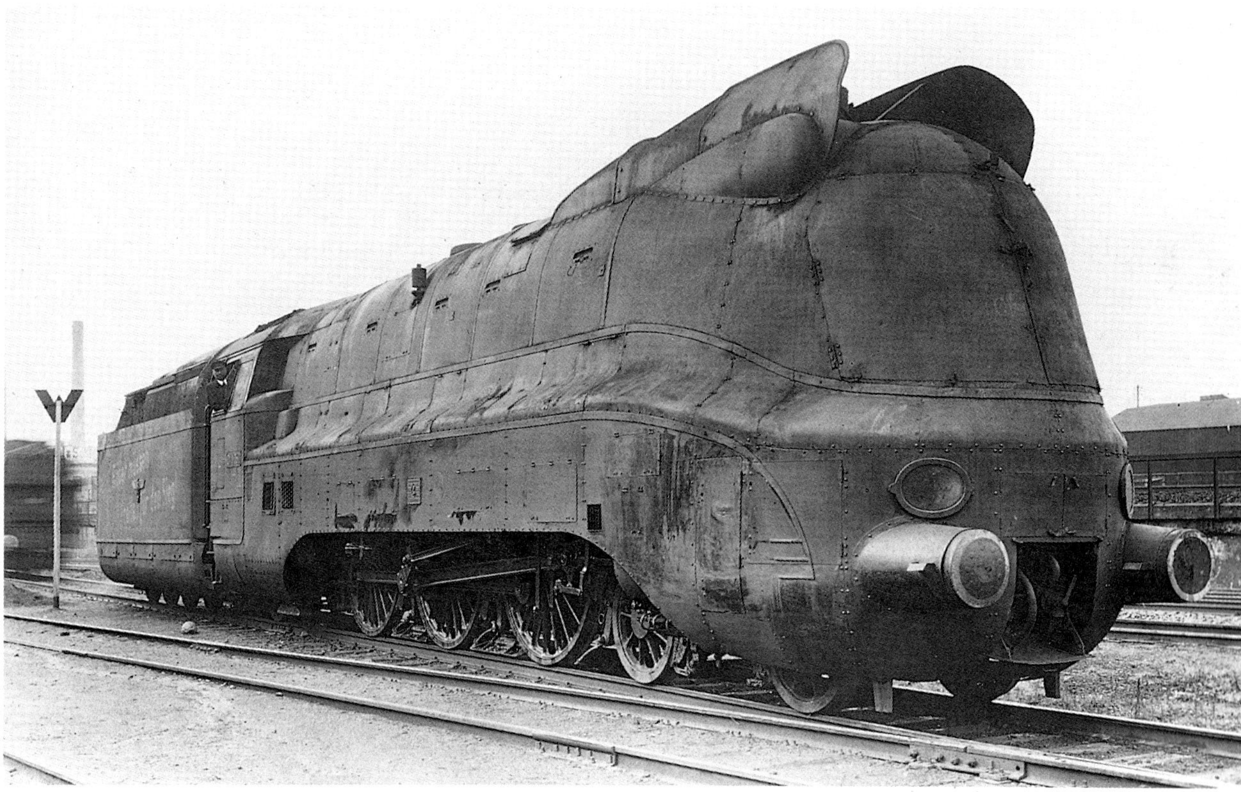

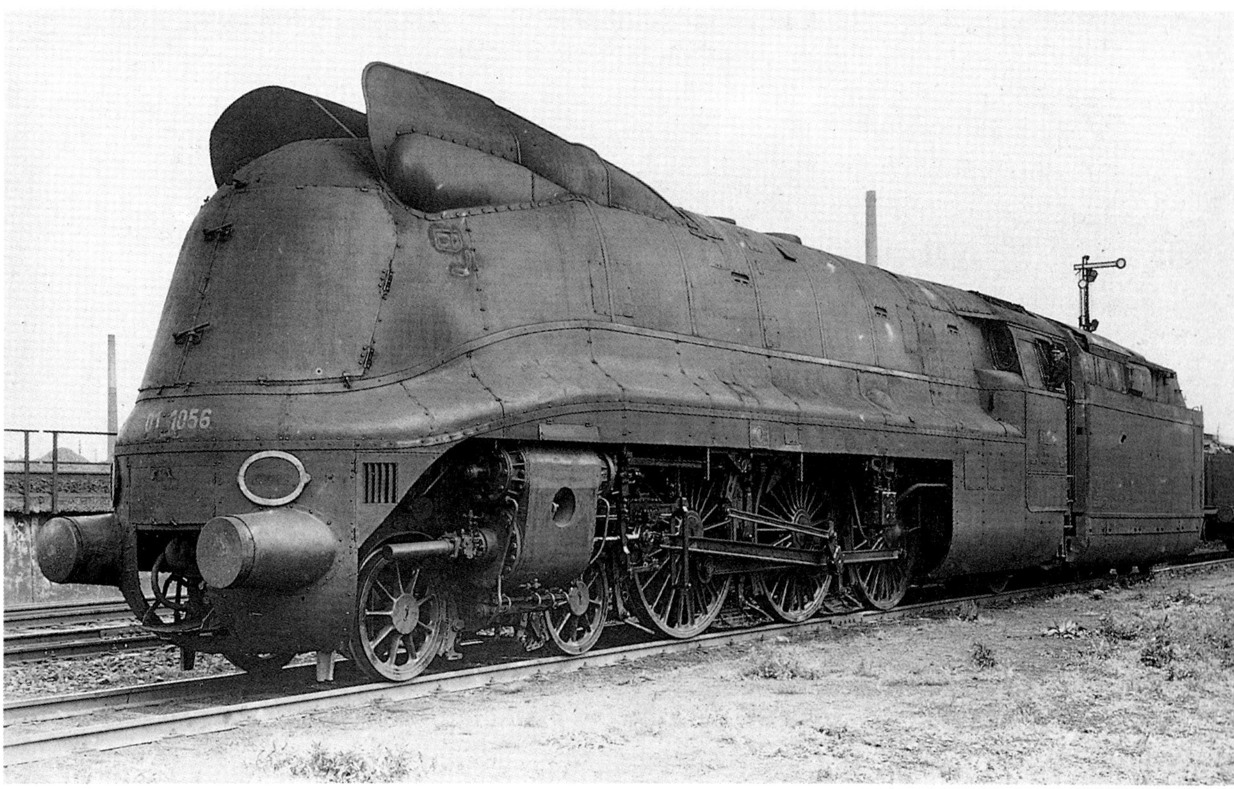
01 1056

Mit freigelegtem Triebwerk

Wie schon gesagt, hat das Reichsbahn-Zentralamt Berlin am 8. März 1941 eine Sonderarbeit Nr. 754 angeordnet, mit der die Freilegung des Triebwerks der Reihe 01^{10} verfügt wurde. Das Blech sollte nach der neuen Typenzeichnung nun 225 mm über der Kuppelachsmitte enden und einfache Klappen statt der Jalousien bekommen. Probleme mit der Kühlung und der Wartung des Triebwerks im Krieg waren die Gründe dafür. Das Bild links oben zeigt die auf diese Art umgebaute Lok 01 1062 um 1942 in Dresden. Sie wurde im März 1940 nach Berlin Anhalter Bahnhof geliefert, im Januar 1943 nach Breslau abgegeben und im April 1944 nach Hannover Ost umstationiert. Schon etwas großzügiger war man beim Abbau der Stromschale an der links unten gezeigten Lok 01 1056 verfahren, die 1943 in Dresden abgelichtet worden ist. Sie gehörte ab März 1940 nach Halle, ab Februar 1943 nach Breslau und ab Mai 1944 nach Hannover Ost. Im oberschlesischen Betriebswerk von Kattowitz war man noch rabiater verfahren, wie das unten gezeigte Beispiel der Maschine 01 1094 am 12. November 1943 dokumentiert. Sie war im Juli 1940 nach Frankfurt (Oder) geliefert und im April 1942 nach Kattowitz abgegeben worden. Unterhalb der Umlauflinie war die Stromschale nun bereits vollkommen entfernt. Auf dem Tender war die bekannte Kriegsparole zu lesen: »Räder müssen rollen für den Sieg!«

Elftes Kapitel Die leichten Stromlinienmaschinen der Baureihe 03^{10}

Ähnlich wie bei der Dampflok-Baureihe 01^{10} wurde auch im Fall der Reihe 03^{10} die Bauart durch Weiterentwicklung der zweizylindrigen Ausgangstype 03 gefunden, von der bereits 298 Stück, teilweise für 140 Stundenkilometer zugelassen, zum Maschinenpark der Reichsbahn gehörten. Die leichtere Gattung 03^{10} war besonders für die Strecken im Süden des Reiches und in den annektierten Gebieten gedacht, wo auf die Tragfähigkeit des Oberbaus Rücksicht zu nehmen war. Borsig lieferte 1940 die Loks 03 1001 bis 1022, Krupp die Loks 03 1043 bis 1060 und Krauss-Maffei die Loks 03 1073 bis 1092. Als erster Beschaffungspreis wurden 242 400 Reichsmark ermittelt. Die zwischen diesen 60 Exemplaren liegenden Nummern sollten mit Erzeugnissen von Borsig und Krupp aufgefüllt werden, blieben aber wegen kriegsbedingter Umwandlung der Verträge auf Güterzugmaschinen unbesetzt. Bemerkenswert ist noch, daß bei diesem Lokomotivtyp schon kurz nach dem Beginn der Serienlieferung entschieden wurde, die Stromschale über dem Triebwerk wegzulassen und einen »Schwung« der Verkleidung über den Rädern ab Werk vorzusehen: Ihre Zeit war vorüber, ehe sie begonnen hatte. Im Gegensatz zur Baureihe 01^{10}, die vollständig »in den Westen gerettet« wurde und zur Deutschen Bundesbahn gelangte, liefen die Dampfloks der Reihe 03^{10} nach dem Zweiten Weltkrieg auch noch in Polen und in der damaligen DDR weiter. Dadurch sind glücklicherweise einige Exemplare dieser speziellen Lokbauart noch heute zu sehen, denn die Deutsche Bundesbahn hat zwar erst 1957 die bei ihr noch vorhandenen 26 Maschinen mit neuen Kesseln ausrüsten lassen, sie aber gleichwohl schon 1966 ausgemustert. Die guten neuen Kessel verrosteten unter freiem Himmel: Im deutschen Westen hat man diesen Typ eigentlich übersehen, im Osten hat man ihn etwas mehr geschätzt. Links die fabrikneue Lok 03 1073 auf dem Werkshof von Krauss-Maffei im Juli 1940.

Beschreibung der leichten Schnellzuglokomotive Reihe 03^{10}

Ein historischer Text
Von der Deutschen Reichsbahn

Bedauerlicherweise sind weder von der Stromlinien-Baureihe 01^{10} noch von ihrer leichteren Schwesterbauart, der Reihe 03^{10}, damals größere Darstellungen der Entwicklungsarbeit erschienen. Der Krieg mit seinen verminderten Fahrgeschwindigkeiten war wohl der Grund dafür; andere Dinge wurden wichtiger. Deshalb stehen hier einige Abschnitte aus der Kurzbeschreibung (1941) dieser Drillingslok.

Die Einheitslokomotive Reihe 03^{10} ist durch Anordnung eines dritten Zylinders und vollständige Verkleidung von Lokomotive und Tender aus der 03-Lok hervorgegangen. Sie ist für Hauptbahnen bestimmt, deren Gleisanlagen und Brücken noch nicht den Verkehr der 20-t-Maschinen Reihe 01^{10} zulassen. Sie wurde daher mit einem Achsdruck von 18 t entworfen, gleicht aber in der grundsätzlichen Anordnung der schweren Lokomotive, von welcher eine Anzahl Bauteile unverändert übernommen wurden. Entsprechend dem geringeren Reibungsgewicht hat die Lokomotive einen schwächeren Kessel, kleineren Zylinderdurchmesser und einen leichteren Barrenrahmen erhalten. Sie ist mit dem geschweißten Einheitstender 2'2'T34St gekuppelt.

Der Kessel hat, gleich der neuen 01^{10}-Lokomotive, 6800 mm Rohrlänge zwischen den Wänden. Der Langkessel von 1700 mm Durchmesser besteht aus zwei Schüssen, von denen der vordere den Speisedom und den Sandkasten, der hintere den Reglerdom trägt. Im Speisedom befindet sich der Schlammabscheider Bauart Schmidt und Wagner, der nach Abnehmen des Domdeckels herausgehoben und gesäubert werden kann.

Der Mantel des Stehkessels ist aus einem Stück gefertigt. Die geschweißte stählerne Feuerbüchse mit leicht eingezogenen Seitenwänden ist durch stählerne Deckenstehbolzen, Bügelanker und eingeschweißte Stahlstehbolzen mit dem Stehkesselmantel versteift. An den am meisten gefährdeten Stellen sind bewegliche Stehbolzen vorgesehen. Der geneigte Rost besteht aus vier Feldern, hat 43 Prozent freie Rostfläche und im dritten Feld von vorn einen Kipprost von 450 mm Länge, der vom Führerstand aus betätigt werden kann. Auch die drei Bodenklappen des Aschkastens, die selbsttätiges Entleeren gestatten, werden vom Führerstand aus bedient, sind jedoch in geschlossenem Zustand von außen besonders zu verriegeln.

Über der Rauchkammer ist in einer waagerechten Einpolterung vor dem Schornstein der Abdampfvorwärmer untergebracht. Die Luft- und Speisepumpe sind rechts und links auf Kessellängsmitte so angeordnet, daß sie den Ausblick auf die Strecke nicht behindern. Das Blasrohr ist weit gehalten und trägt zusammen mit dem tief in die Rauchkammer eingezogenen Schornstein von großem Durchmesser zur Verminderung des Gegendruckes in den Zylindern wirksam ein. Ein aufklappbarer Drahtkorbfunkenfänger verhütet den Funkenflug, ein Rauchkammerspritzrohr ermöglicht das Nässen der Flugasche. Zur besseren Rauchabführung der aus dem niedrigen Schornstein kommenden Rauchgase sind rechts und links von diesem auf der Rauchkammer Windleitbleche angebracht, die mit Rücksicht auf das Profil gebogen ausgeführt sind. Der Kessel wird durch eine Kolben-Verbundspeisepumpe Bauart Nielebock-Knorr von 250 l/min Leistung gespeist; das Speisewasser fließt durch den Vorwärmer dem Speisedom von rechts zu. Als zweite Speisevorrichtung dient eine Dampfstrahlpumpe gleicher Leistung, die auf der linken Seite unmittelbar in den Speisedom fördert.

Der Lokomotivrahmen ist als Barrenrahmen aus Platten von 90 mm Dicke hergestellt, die hinten mit Rücksicht auf die Seitenbeweglichkeit der Schleppachse auf 40 mm verjüngt sind. Die Platten sind zwecks Gewichtsersparnis weitgehend ausgespart und allseitig lehrenhaltig bearbeitet.

Die Lokomotive ist in vier Punkten unterstützt: Das Drehgestell bildet die beiden vorderen, die durch Längsausgleichhebel verbundenen gekuppelten Radsätze und der hintere Laufradsatz die beiden hinteren Auflager.

Die Lokomotiven haben ein Drillingstriebwerk erhalten, das auf zwei Achsen wirkt. Die beiden waagerecht liegenden Außenzylinder treiben den zweiten Kuppelradsatz und der unter einer Neigung von 1:10 liegende Innenzylinder den ersten Kuppelradsatz an. Alle drei Zylinder sind für einfache Dampfdehnung gebaut. Die durchgehenden Kolbenstangen von gleichem Durchmesser vorn und hinten werden durch gußeiserne Stopfbuchsen gedichtet; vorn werden sie durch eine besondere Tragbuchse, hinten durch den Kreuzkopf getragen. Die Außen- und Innensteuerungen arbeiten unabhängig voneinander, sind als Heusingersteuerungen für Inneneinströmung durchgebildet und treiben Nicolai-Druckausgleichkolbenschieber von 300 mm Durchmesser an. Sie ermöglichen für Vorwärtsfahrt gute Dampfverteilung bis 80 Prozent und für die Rückwärtsfahrt bis 74 Prozent.

Die Stromlinienverkleidung umschließt den Kessel mit sämtlichen Aufbauten und Armaturen und ist vorn und an den Seiten bis dicht über die Schienen herabgeführt. Das Triebwerk ist zwecks Wartung durch Rolläden zugänglich. An der Führerhausseitenwand angebrachte bewegliche Klappen decken den Zwischenraum zwischen Lokomotive und Tender ab. Die Lichtmaschine, Pumpen, Armaturen usw. sind durch Klappen oder Rolläden zugänglich.

Hauptabmessungen der Baureihe 03^{10}

Größte Geschwindigkeit	150 km/h
Zylinderdurchmesser	3 × 470 mm
Kolbenhub	660 mm
Treibraddurchmesser	2000 mm
Fester Achsstand	4500 mm
Gesamtachsstand	12 000 mm
Gesamtachsstand einschließlich Tender	20 225 mm
Länge über Puffer einschließlich Tender	23 905 mm
Leergewicht	93,8 t
Betriebsgewicht	103,2 t
Reibungsgewicht	55,2 t
Größter Achsdruck	18,4 t
Kesseldruck	20 kg/cm²
Rostfläche	3,9 m²
Verdampfungsheizfläche	203,40 m²
Überhitzerheizfläche	72,22 m²
Länge der Rohre	6800 mm

Fabrikschild der Lok 03 1020.

Vorläufige Typenzeichnung zur Baureihe 03^{10} von 1940.

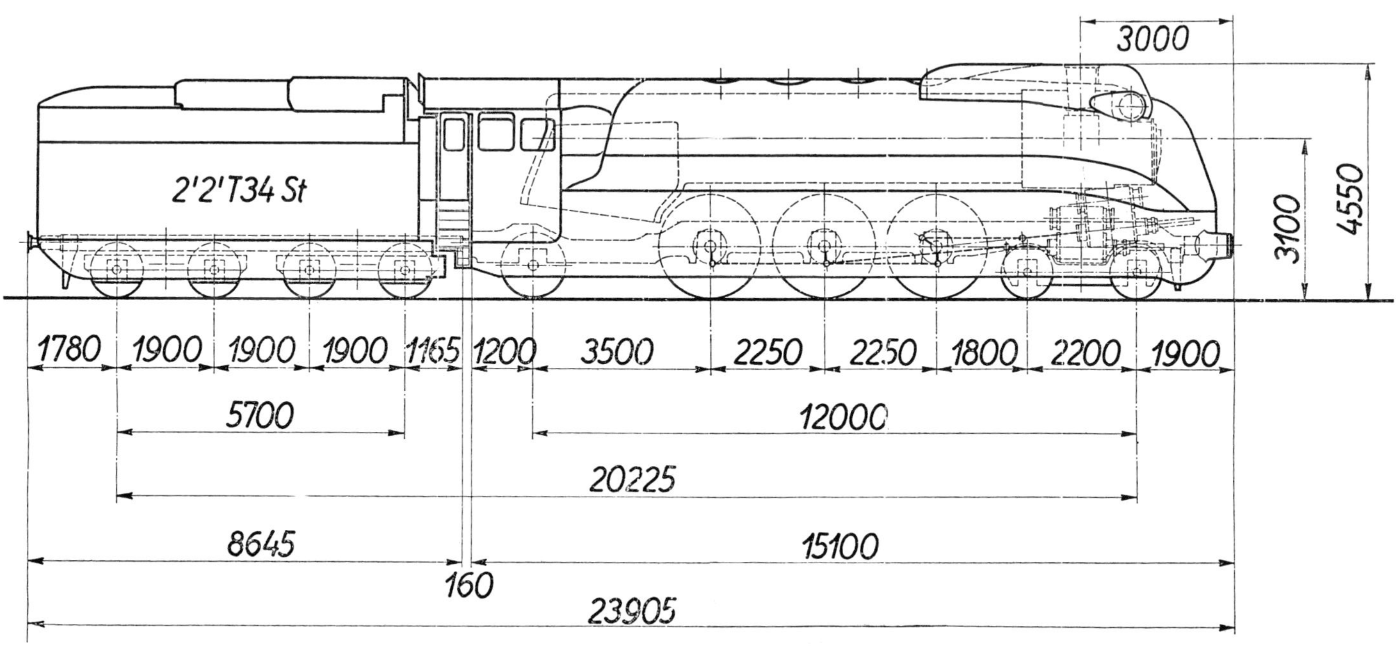

Borsig-Lok Nummer 15000

Manche auffällige Fabriknummer der deutschen Lokhersteller wurde an Stromlinienloks vergeben. Henschel sah 1939 die Nummer 25000 für die Lok 19 1001 vor, während Borsig 1941 die Maschine 03 1020 mit der prominenten Fabriknummer 15000 bedachte. Das große Foto berichtet sehr lebendig vom Bau der Gattung 03^{10}. Mitte Januar 1941 entstand dieses Bild in den Hennigsdorfer Fabrikhallen der Borsig-Lokomotivwerke von der Montage einer der letzten Stromlinienloks für die Reichsbahn. Um einen Blick auf die erste Lok dieser Reihe, die Maschine 03 1001 zu werfen, ist ein Blick auf die Doppelseite 236/237 erforderlich. Während ihr Triebwerk noch vollständig verkleidet ist, erscheint auf der rechten Seite eine Maschine, die ab Werk mit der hochgezogenen Schürze über den Kuppelrädern geliefert worden ist. Auch hier machten Kühlung und Wartung der Lager zu Kriegszeiten einen Ausschnitt der Stromschale nötig. Rechts zwei Bilder von der Borsig-Jubiläumslok 03 1020 vom März 1941.

Nr. 15 000

03 1020

Wie eine Lok entsteht

Drei Werkbilder aus dem Haus Kraus-Maffei in München berichten über den Bau seiner ersten Serie von Stromlinienloks, welche die Betriebsnummer 03 1073 bis 1084 im Sommer 1940 umfaßte. Links oben der schlanke Kessel dieser Baureihe von 1700 mm Durchmesser mit der auffälligen Einpolterung für den Vorwärmer vor dem Kamin, darunter der aufwendig gebaute Barrenrahmen der Dreizylinderlok mit dem geneigten Innenzylinder in der Werkshalle. Auf dieser Seite unten die fast fertiggestellte Lokomotive 03 1073 im Juni 1940 unter den Dächern der Lokfabrik in Allach.

03 1001

Die Lokomotive 03 1001

Auch dieses Gruppenfoto läßt erkennen, wie viele Menschen es waren, die voller Stolz auf eine fertiggestellte neue Lokomotivtype blicken wollten. Das Bild berichtet von der Ablieferung der ersten Stromlinienlokomotive der Reihe 03^{10}. Bei Borsig in Hennigsdorf präsentierten sich im Juli 1939 dem Fotografen die Konstrukteure Dietz (fünfter von links, verantwortlich für den Entwurf der Stromschale), Heinrich Wagner (siebenter von links), Friedrich Herrmann (neunter von links, hauptverantwortlich für die Reihe 03^{10}), Bauartdezernent Richard Paul Wagner (siebenter von rechts) sowie Meckel (sechster von rechts) und Ludwig (fünfter von rechts), die beiden Leiter des Vereinheitlichungsbüros in Berlin, vor der Lok 03 1001. Am 5. Dezember 1939 wurde die Lokomotive 03 1001 an die Reichsbahn abgeliefert, während die Serienmaschinen von Borsig, Krupp und Krauss-Maffei zwischen Juni 1940 und Dezember 1941 anrollten.

Reihe 03^{10}

Die beiden Werkfotos von Krauss-Maffei zeigen links die Frontansicht der Maschine 03 1073, Fabriknummer 15 723, fertiggestellt am 11. Juli 1940, und rechts den Führerstand einer Maschine dieser Gattung im Allacher Werk.

Der Tender

Über den Tender der Baureihe 03^{10} heißt es in der amtlichen Kurzbeschreibung von 1941 ganz knapp: »Die Lokomotiven sind mit dem neu entwikkelten gleichfalls verkleideten, vierachsigen Tender 2'2' T34St mit einem Fassungsvermögen von 34 m^2 Wasser und 10 t Kohle gekuppelt, der zur Entlastung des Heizers eine selbsttätige Kohlennachschubvorrichtung besitzt. Der Achsstand von Lokomotive und Tender ist so bemessen, daß die Lok auf der 23-m-Drehscheibe gedreht werden kann.« Links ist wieder der Übergang zur Lokomotive dargestellt (siehe Seite 239), während rechts der Anschluß zum Zug vorgeführt wird. Mittlerweile hat man bei der Reichsbahn auf einen Faltenbalg an dieser Stelle verzichtet, wie ihn noch die Lokbaureihen 05 und 06 aufgewiesen hatten. Die Maschine 03 1075 wurde am 25. Juli 1940 von Krauss-Maffei fertiggestellt.

Von München in die Welt

Ganz nah an die Stromlinien-Verkleidung der Lokomotive 03 1073 im Juli 1940 führt das Werkfoto unten heran. Die Wartung der Achslager und des Innentriebwerks ist für das Personal unter diesen Umständen nicht leicht gewesen, selbst wenn manche Lokführer den kräftigeren Anzug dieser Type gegenüber der Baureihe 03 lobten. Rechts zwei weitere Bilder aus dem Werk von Krauss-Maffei in München-Allach, und zwar oben das spannende erste Anfahren einer Lok der Reihe 03^{10}, darunter die zur Abgabe an die Staatsbahn bereite Maschine 03 1075 kurz vor dem Liefertag am 25. Juli 1940.

Der Anstrich erfolgte wie bei der Baureihe 01^{10} in einem anthrazitgrauen Farbton. Man erkennt auch an diesen Karosserielinien, daß das Lieferwerk vom Verzicht auf das »Hoheitszeichen« an der Stirnfront überrascht worden ist. Möglicherweise sollte die Figur nachgeliefert werden. Die unteren Streifen waren rot lackiert.

Vom Werk in den Bahnbetrieb

Die Lokomotive 03 1051 ist von der Friedrich Krupp A. G. in Essen unter der Fabriknummer 2108 am 23. Februar 1940 an die Reichsbahn geliefert worden; der Schnee in Essen auf dem Bild oben zeugt auch davon. Inzwischen ist bekannt, daß die ersten Krupp-Maschinen dieser Baureihe wie die von Krauss-Maffei hergestellten zwanzig Einheiten und wie die Borsig-Lok 03 1001 mit geschlossenem Triebwerk gebaut worden sind. Zwei schöne Betriebsbilder der Reihe 03^{10} stellt die rechte Seite vor: Oben die Maschine 03 1074 neu und glatt im Bahnbetriebswerk Passau, 1940. Sie war von der Anlieferung im Juli 1940 bis zum Mai 1942 in Nürnberg, dann bis zum August 1944 in Kattowitz und anschließend in Posen stationiert. Nach dem Krieg verblieb sie in der DDR. Unten eine Schwestermaschine der Reihe 03^{10} vor dem Inn-Viadukt bei Passau-Voglau an einem Wegübergang. Zur Kühlung des Triebwerks sind alle Klappen geöffnet. Die Lampen tragen eine Blende.

03 1074

HAMBURG

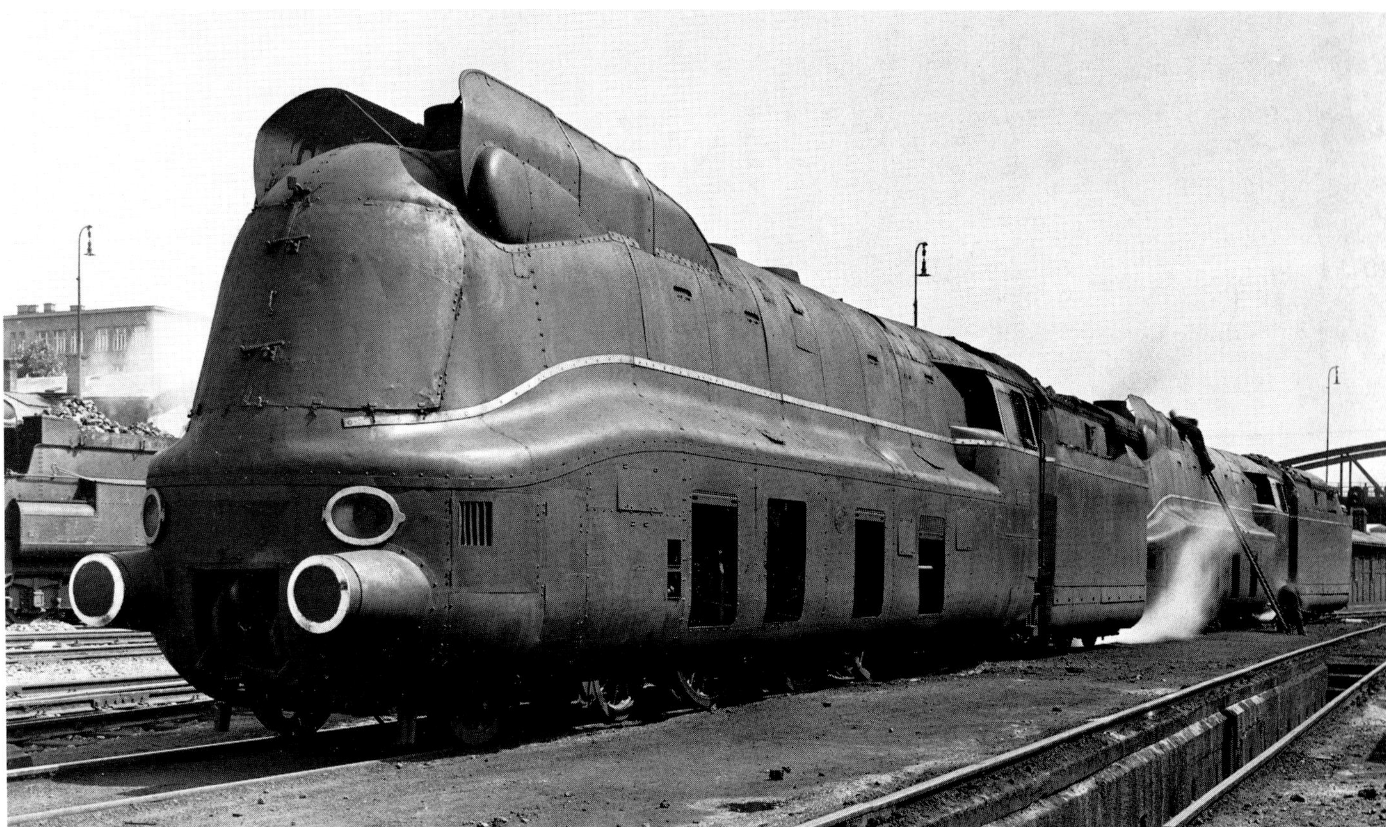

Auf dem linken Gleis

Zu den Folgen der deutschen Politik ab 1938 gehörte es, daß im vormaligen Österreich allmählich die deutschen Normen eingeführt werden sollten. Ein besonderes Problem bildete damals der Betrieb auf dem linken Gleis. Dieser Blick oben links aus dem Abteilfenster auf eine durch die winterliche Station vor Wien heranbrausende 03^{10} erinnert uns daran, daß die Maschinen auf der Mehrzahl der österreichischen Strecken nach alter Übung links fuhren. Dennoch blieb der Führerstand an seinem Platz. Allein Linz beheimatete 1941 schon 17 der 60 Loks dieser Baureihe. Weil sie aber auf der Westbahn überfordert waren, gab man die Mehrzahl im Sommer 1942 an den Bezirk Posen ab. Vorübergehend, vom August bis Oktober 1940, stationierte man die Loks 03 1080 bis 1084 auch im Heizhaus Wien West. Eine der stimmungsvollen Depotaufnahmen des Österreichers Otto Zell aus dem Jahre 1940 zeigt uns dort die Lokomotive 03 1080 vor ihrer Schwestermaschine. Zugleich ist zu erkennen, wie sich das Personal wegen des fehlenden Umlaufes einer Leiter bedienen mußte, um nach dem Rechten zu sehen. Die Aufnahme unten zeigt die Lokomotive 03 1092 zwischen Attnang-Puchheim und Salzburg im Sommer 1941; auf diesem Streckenabschnitt wurde schon rechts gefahren. Die Lok wurde 1944 vollkommen zerstört.

Untergang

Auf diesen Bildern sind schwer zerschundene Stromlinien-Lokomotiven der Baureihe 03^{10} in den letzten Kriegsjahren zu sehen. Die Aufnahme dieser Seite zeigt wohl die Maschine 03 1021 in Köln. Das Propagandafoto vom Frühjahr 1944 behauptet: »Das Leben geht weiter. Nach einem Terrorangriff auf eine große Stadt. Auch hier hat der Verkehr nach einer Bombennacht keinerlei Unterbrechung erfahren«. Rechts oben ist ein weiteres Dokumentarfoto aus Kattowitz zu sehen, das die Lokomotive 03 1017 mit Kriegsbemalung und in weitgehend »entstromter Form« zeigt. Auch auf ihrem Tender steht wieder der Spruch von den rollenden Rädern und dem Sieg. Die letzte Abbildung dieses Kapitels führt nach Posen und zeigt die am 29. Mai 1944 durch Bombenangriff zerstörte Lokomotive 03 1092. Sie wurde am 7. August 1944 förmlich ausgemustert. Diese Aufnahme war die letzte Fotografie, die Hermann Maey für das Deutsche Lokomotivbild-Archiv angefertigt hat. Dann kam der »Zusammenbruch«.

03 1092

Zwölftes Kapitel Die Stromlinien-Lokomotiven nach dem Krieg

Nicht weniger bunt und vielfältig als die Entstehungsgeschichte der deutschen Stromlinien-Dampflokomotiven ist die »Biografie« dieser Maschinengattung in der Zeit nach dem Zweiten Weltkrieg: Die Züge fuhren langsamer, so daß die Stromschalen den Betrieb ziemlich störten, und außerdem wurden einige dieser auffälligen Lokomotiven zu Symbolen für den Sieg der Alliierten erkoren und entsprechend benutzt. In den ersten Jahren nach Kriegsende mühten sich die Eisenbahner in allen Besatzungszonen damit ab, auch die verkleideten Lokomotiven wieder in Gang zu bekommen, aber schließlich ist das nur mit den in größerer Zahl gebauten Lokomotiven der Baureihen 01^{10} und 03^{10} wirklich gelungen. Die wenigen Einzelstücke der Reihen 05 und 06, die beiden 61er und die ehemaligen LBE-Loks der Baureihe 60 waren in den Wiederaufbau-Zeiten einer Rationalisierung im Werkstättenwesen ausgesprochen hinderlich und fielen als »Splittergattungen« im Park der beiden deutschen Staatsbahnen bald ihrer Ausmusterung anheim. Mit enormen Kosten hat man bei der Deutschen Bundesbahn ab 1950 noch versucht, wenigstens die legendären Rekordmaschinen der Baureihe 05 in Fahrt zu erhalten, aber schon nach sechs bis sieben Betriebsjahren wurde dieses Experiment eingestellt. Immerhin rang man sich dazu durch, die Lokomotive 05 001 ab 1960 wieder in den Lieferzustand zu versetzen und dem Verkehrsmuseum Nürnberg zu übergeben, um an die Rekordfahrt der Maschine 05 002 von 1936 dauerhaft zu erinnern. Auch im Eisenbahnmuseum von Warschau befindet sich erstaunlicherweise eine deutsche Stromlinienlokomotive der Baureihe 03^{10}; sonderbare Folge der Konzeption dieser Type für die leichteren Strecken in den ab 1938 annektierten Gebieten des Ostens. Den größten, bis heute andauernden Ruhm haben sich aber die Serienmaschinen der Baureihen 01^{10} und 03^{10} bei den deutschen Eisenbahnen deshalb errungen, weil sie noch über viele Jahre im angestrengten Schnellzugdienst der beiden Nachkriegs-Staaten gestanden haben: Mit neuen Kesseln und Ölhauptfeuerung versehen, verkörperten sie den Endpunkt im Bau unserer Dampfloks. Es folgten noch einige teilweise verkleidete Projekte wie die Reihe 10 der DB und Umbauten wie die Reihe 01^{5} der DR, aber mittlerweile war die große Zeit der Dampflokomotiven doch schon vorbei. Während so die Stromlinienverkleidung an diesen »alten« Dampfloks immer kleiner wurde und schließlich ganz verschwand, begann ab 1963 eine Renaissance der windschnittigen Formgebung bei den elektrischen Lokomotiven. Da waren die E 10 der DB mit »Bügelfalten« für den Rheingoldzug und zur Verkehrsausstellung in München 1965 die kugelrunde Gattung E 03, denen bis heute viele andere »Triebfahrzeuge aus dem Windkanal« gefolgt sind: Schnellverkehr bei der Eisenbahn ist ohne Stromlinienform nicht mehr denkbar. Links ein Rückblick auf die zerstörte Werrabrücke im September 1948 mit einer Stromlinienlok der Reihe 01^{10}.

Lok-Trümmer

Wie viele andere Fahrzeuge der ehemaligen Deutschen Reichsbahn haben auch die Stromlinienmaschinen den Zweiten Weltkrieg mit erheblichen Verlusten und Schäden hinter sich gebracht. Die drei Aufnahmen dieser Doppelseite zeigen Schadlokomotiven der Reihe 01^{10} im Ausbesserungswerk Braunschweig. Die Stirnansicht gehört zur Lokomotive 01 1075, die später noch bis 1975 in Rheine gelaufen ist. Gut ist der Mittelzylinder zu erkennen. Die beiden anderen Fotografien dokumentieren den Zustand der Lok 01 1081 und des zugehörigen Stromlinien-Tenders, offenbar nach einem Luftangriff, im Jahre 1945. Die Anschrift »Erst siegen, dann reisen!« über dem Hoheitszeichen auf dem Tender stellt einen Bezug zu den Gründen des Schadens her.

rst siegen, dann reisen!

Erst siegen
Han. Hbf

01 1081

Die Reihe 01^{10} nach dem Krieg

Abgestellt in Hannover ist links oben die Stromlinienlok 01 1078 zu sehen. Eine Stahlplatte vor dem Führerstand, 1944 angebaut, sollte das Personal vor Tieffliegerbeschuß schützen. Schon in den letzten Kriegsmonaten wurde eine große Anzahl dieser schweren Schnellzugmaschinen nach Nordhessen verlegt. So sollten die Bahnbetriebswerke von Bebra und Kassel für lange Zeit zu den Hochburgen der Reihe 01^{10} werden. Die Abbildung links unten zeigt abermals die Lok 01 1081 beim Zwischenhalt auf dem Bahnhof von Rotenburg bei Fulda, etwa 1949. Unten ist die wiederhergestellte Werra-Brücke bei Hedemünden im September 1948 abgebildet, wie sie ein schwerer Schnellzug mit einer Lok der Reihe 01^{10} überquert; Strecke Kassel–Eichenberg. Wenigstens zehn Wagen hat sie am Haken.

03 1010

Neue Zukunft

In beiden Teilen Deutschlands war man nach dem Krieg froh, selbst solche schwierigen Dampfloks wie die Reihe 03^{10} zu besitzen, denn es bestand Mangel an einsatzbereiten Maschinen. Links oben ein Bild vom Bahnhof Großbeeren um 1950, als das Zugpaar D 37/38 noch zwischen Leipzig und dem Anhalter Bahnhof von Berlin verkehrte. Zuglok war die Nummer 03 1089, die bis 1977 dampfte. Auch die Maschine 03 1010 in der Aufnahme darunter fuhr 1950 zwischen Berlin und Leipzig. Sie ist später bei der neuen Reichsbahn noch mit Ölfeuerung ausgerüstet und ganz modernisiert worden. Auch in den Westzonen startete die Baureihe 03^{10} zum Neubeginn, aber unter amerikanischer Flagge. Rechts sehen wir eine der von Borsig erbauten Maschinen der Reihe 03^{10} mit ausgeschnittener Triebwerksschürze bei der Generalüberholung nach Kriegsende in der Lokomotivfabrik Henschel in Kassel. In diesem Werk stationierte amerikanische Feldeisenbahner, deren Einheiten jeweils von einzelnen Privatbahngesellschaften aufgestellt worden waren, haben auf der Rauchkammerverkleidung das Emblem ihrer heimatlichen Bahn angebracht.

64 359

Aus Kassel nach Amerika

Die »Einzelachslok«, wie Richard Roosen die Maschine 19 1001 immer nannte, war bei einem Bombenangriff auf das Bahnbetriebswerk Altona in der Nacht vom 12. zum 13. Oktober 1944 schwer getroffen worden. Nach Kriegsende wurde die Lokomotive in Offensen an der Strecke von Göttingen nach Bodenfelde vorgefunden und auf Umwegen in das Herstellerwerk nach Kassel gebracht, wo die Aufnahme oben links im August 1945 entstanden ist. Bis Ende September wurde sie instandgesetzt, absolvierte eine Probefahrt von Kassel nach Wabern und rollte schließlich Ende Oktober nach dem Hafen von Antwerpen ab zur Ausstellung in den USA. Zusammen mit anderen deutschen Lokomotiven kam die Lok 19 1001 als Beute in die Vereinigten Staaten. Oben sehen wir sie vor der Kondenslok 52 2006 im März 1946 auf einer Schau in Fort Monroe, Virginia. 1952 wurde sie dort verschrottet. Bei der Lokfabrik Henschel wurden auch andere Stromlinienloks aufgearbeitet, denn die Eisenbahn-Werkstätten bewältigten die Menge der Reparaturen nicht allein. Im Bild links unten ist die Maschine 03 1076, Ende Juli 1940 von Krauss-Maffei geliefert, in Kassel zu sehen. Auf dem Tender steht noch verwaschen: »Räder müssen rollen für den Sieg!« Ihre Wiederherstellung dauerte von Januar bis September 1950 an.

91 1119
LD

05 003

Die Baureihe 05 nach dem Krieg

Alle drei Lokomotiven der Reihe 05 befanden sich nach Kriegsende in den westlichen Besatzungszonen. Links oben ist die in Langenfelde abgestellte Maschine 05 001 im April 1948 neben der Tenderlok 91 1119 zu bestaunen. Am besten sah die erst im Februar 1945 von Borsig ausgelieferte Lokomotive 05 003 aus. Die Sichtschutzbleche und den flekkigen Anstrich hat man an der Lok 05 003 bald wieder entfernt. Im Juni 1947, als die Aufnahme links unten entstand, war sie für einige Zeit im Bezirk Hamm im Einsatz. Nachdem erst einmal die wichtigsten Bedürfnisse des Betriebes gedeckt waren, ließ die Bundesbahn ab 1949 auch diese drei Maschinen – nun aber ohne Verkleidung – wieder instandsetzen. Das Bild unten zeigt die Lok 05 002 am 26. April 1950 nach ihrem Eintreffen bei Krauss-Maffei, wo auch ihr Konstrukteur, Adolf Wolff, inzwischen arbeitete. 1958 sind dann die drei Loks beim Bahnbetriebswerk Hamm endgültig ausgemustert worden; die Maschine 05 001 kam in das Verkehrsmuseum Nürnberg, wo sie noch zu bewundern ist.

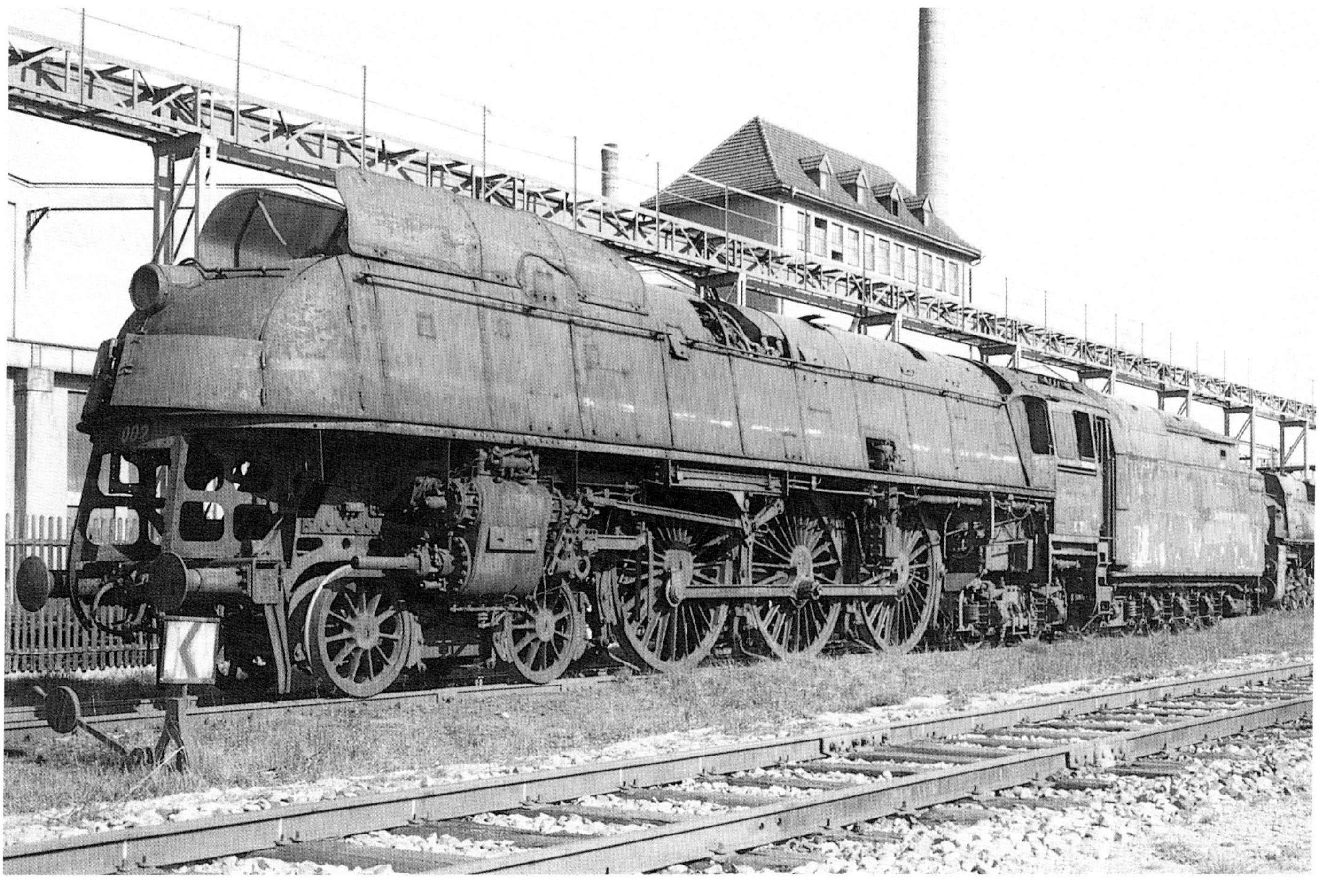

Schicksal der Einzelgänger

Mit Kriegsbeschädigungen abgestellt, wurde die Maschine 06002 am 10. Juli 1949 unter einer Schar von Güterzugloks im Betriebswerk Braunschweig Vbf. aufgenommen (Bild links oben). Ihr Tender, der ja mit dem der Reihe 01^{10} baugleich war, lief zu dieser Zeit bereits hinter der Maschine 01 1076, von Ende 1950 bis Anfang 1952 hinter der 01 1064 und sodann hinter der 01 1073. Am 14. November 1951 ereilte die beiden 06-Schnellzugloks die Ausmusterungsverfügung, denn schwer durch Bomben angeschlagen war auch die Lok 06001 in ihrem Heimat-Betriebswerk Frankfurt 1 (Bild links unten). Dagegen kam die 1945 in Altona vorgefundene Maschine 03 193 recht bald wieder in Fahrt (Bild rechts oben). Sie war 1947 in Osnabrück eingesetzt und wurde 1950 in Braunschweig ihrer Stromschale beraubt, stand dann bis 1966 bei der Bundesbahn in Dienst. Bemerkenswert gut war auch der Zustand der Stromlinien-Tenderlok 61001, die 1945 bei Hannover in einem Schuppen fotografiert werden konnte (Bild rechts unten).

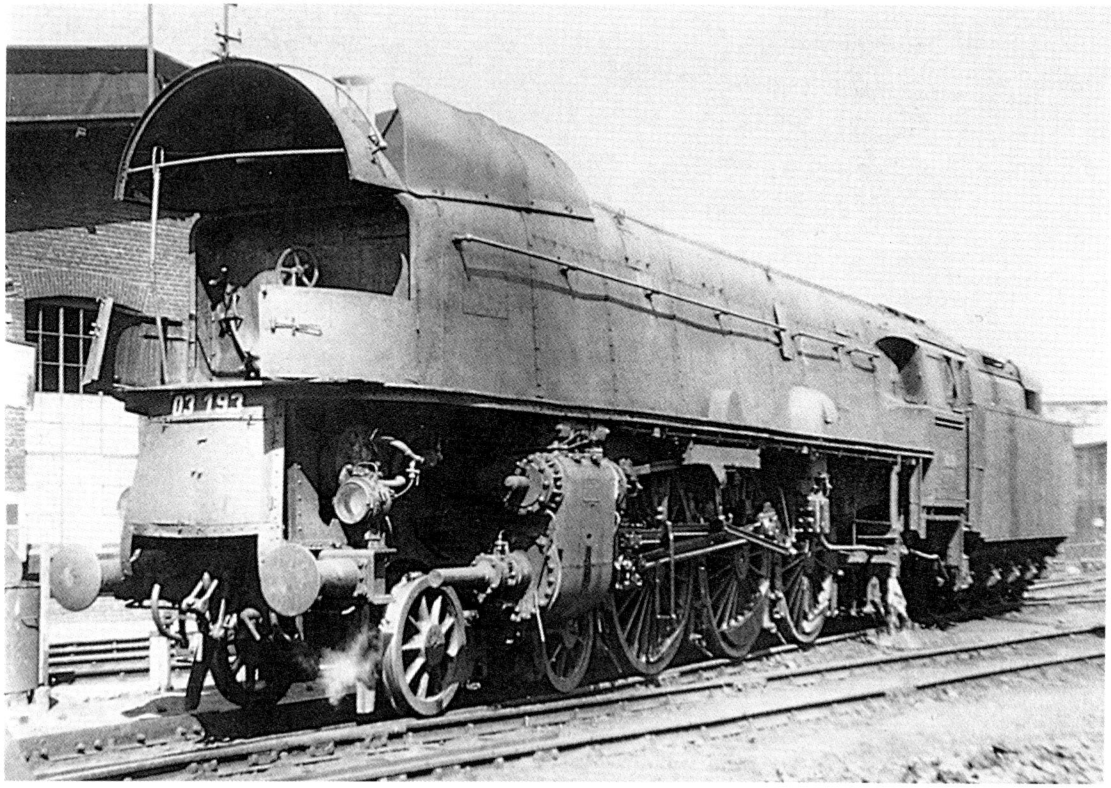

Mühen mit der Reihe 61

Bei der Deutschen Bundesbahn hatte die Lokomotive 61 001 nur noch eine kurze Einsatzzeit, obwohl sich einige Ingenieure sehr um sie bemühten: Schornsteinaufsatz, Führerhauslüfter und Läutewerk sind hinzugekommen, die Triebwerksverkleidung hat man entfernt. Die Aufnahme der nun dem Bahnbetriebswerk Bielefeld zugeteilten Maschine 61 001 im Jahre 1950 links oben kommt aus Braunschweig. Das Betriebsbild links unten entstand 1950/51 in Münster. Man hörte die Lok damals schon von weitem mit ihren angeschlagenen Stangenlagern heranklappern. Ihre Ausmusterungsverfügung datiert vom 14. November 1952, danach stand sie herum. Der kleine Schnappschuß in der Mitte dieser Doppelseite wurde am 26. Juni 1957, wenige Tage vor ihrer Verschrottung, in Minden aufgenommen. Im Gegensatz dazu hat sich die Reichsbahn um ihre Schwestermaschine 61 002 stärker bemüht. Die beiden Lichtbilder auf der rechten Seite zeigen sie auf dem Leipziger Hauptbahnhof im September 1950. Sie setzt sich an den »Dienstschnellzug« D 29, der damals mit vier Schürzenwagen noch bis Berlin Anhalter Bahnhof fuhr und nur mit besonderer Erlaubnis benutzt werden durfte.

Das Ende der »Micki-Mäuse«

Schon bald nach der Übernahme der Lübeck-Büchener Eisenbahn durch die Staatsbahn war zu erkennen: Die Reichsbahn konnte sich mit den drei grauen Maschinen, die als Splittergattung in ihrem großen Fahrzeugpark anzusehen waren, nicht recht anfreunden und verfügte ihre Ausmusterung bereits zum 3. November 1942. Durch die Kriegsverhältnisse unterblieb aber die Zerlegung, und nach dem Kriege fuhr die Lok 60002 noch einige Jahre im Berliner Raum. Das Bild rechts oben zeigt sie in ihrem Heimat-Betriebswerk Berlin Ostbahnhof mit ausgeschnittenem Triebwerk. In den sechziger Jahren war sie, wie im Bild rechts unten zu sehen, in Wustermark für längere Zeit abgestellt und wurde schließlich 1967 in Leipzig verschrottet. Die beiden Fotografien auf der linken Seite berichten aus Hamburg. Oben die wieder »entkleidete« Personenzug-Tenderlok 74 1316 aus der Gattung T 12 vor dem beschädigten Hauptbahnhof im Jahre 1945, unten der entsprechende Blick von der Brücke am Steintorplatz herab auf die Gleise. Neben dem Kohlenzug, der Reisende in Richtung Ruhrgebiet mitnimmt, steht ein ehemaliger LBE-Doppelstockzug mit einer T 12-Lokomotive zur Abfahrt bereit. Das war 1946.

01 1099
26.12.N.

Frischer Dampf

Die Modernisierung der Stromlinienloks durch die Deutsche Bundesbahn brachte neue und eigenartige »Lokomotivgesichter« hervor. Die Aufnahme links, 1954 in Frankfurt am Main entstanden, zeigt noch die wenig schöne Form der Rauchkammer, welche die Maschine 01 1099 früher einmal unter ihrer Stromschale verstecken konnte. Erst mit der Neubekesselung im November 1954 verschwand dieses Aussehen. Dagegen hatte die Lokomotive 05 001 ihre Anschrift »Haupt. Unt. 22. 12. 50« bereits vier Jahre zuvor auf der Pufferbohle erhalten. Rechts ist das Bild vom Werksgelände bei Krauss-Maffei zu sehen, wo dieser Fast-Neubau 1950 durchgeführt worden ist.

Umbau der Reihe 05 in München

Für die Lokomotive 05 003 war die Modernisierung bei Krauss-Maffei bereits der dritte Umbau binnen eines Jahrzehnts. Sie präsentiert sich nun mit den schmalen Witte-Windleitblechen im Oktober 1950 »wie neu«. Sie war am 24. Oktober 1950 fertig; das Bild unten zeigt gut die Treibräder von 2300 mm Durchmesser und das innengelagerte hintere Drehgestell. Rechts oben sodann die »entkleidete« spätere Museumslok 05 001 in München 1950. Davor steht Adolf Wolff, ein langjähriger Betreuer ihrer Konstruktion. Die Maschinen wurden nun in Hamm stationiert. Sie haben viele Fernschnellzüge der Bundesbahn befördert. Im Bild rechts unten ist die Lok 05 002 auf dem Kölner Hauptbahnhof mit dem »Dompfeil« zu erblikken, den sie an diesem 15. Juni 1956 von Hannover hergebracht hat. Auch die Züge »Hanseat« und »Sachsenroß« bespannte man mit der Baureihe 05, deren Vertreterinnen 1954 planmäßig täglich jeweils 737 km auf der Schiene zurückzulegen hatten.

05002
Bahnsteig 3b

Schlafende Schönheiten

Ein gewisses Aufsehen erregte es auch, als die drei Schnellzugloks der Reihe 05 in den ersten Monaten des Jahres 1954 nicht nur ihr übliches Revier zwischen Hamm, Hannover, Hamburg und Köln befuhren. Sie kamen nun vorübergehend mit den F-Zügen »Senator« und »Gambrinus« auch nach Frankfurt am Main, wie die Aufnahme vom April 1954 (unten) zeigt. Die Weltrekordlokomotive 05 002 wurde nach fast 1,47 Millionen Fahrtkilometern im Oktober auf dem Gelände des Betriebswerks Hamm abgestellt; das Bild rechts oben zeigt sie am 8. März 1958. An gleicher Stelle war die darunter gezeigte Lok 05 003 ab Sommer 1957 zu betrachten; sie hatte erst 798 000 km auf dem Zähler. Mit dem Eintreffen der Diesellok-Baureihe V 200 konnte man in Hamm auf die drei »Null-Fünfen« verzichten. Inzwischen ist auch die V 200 wieder ausgemustert.

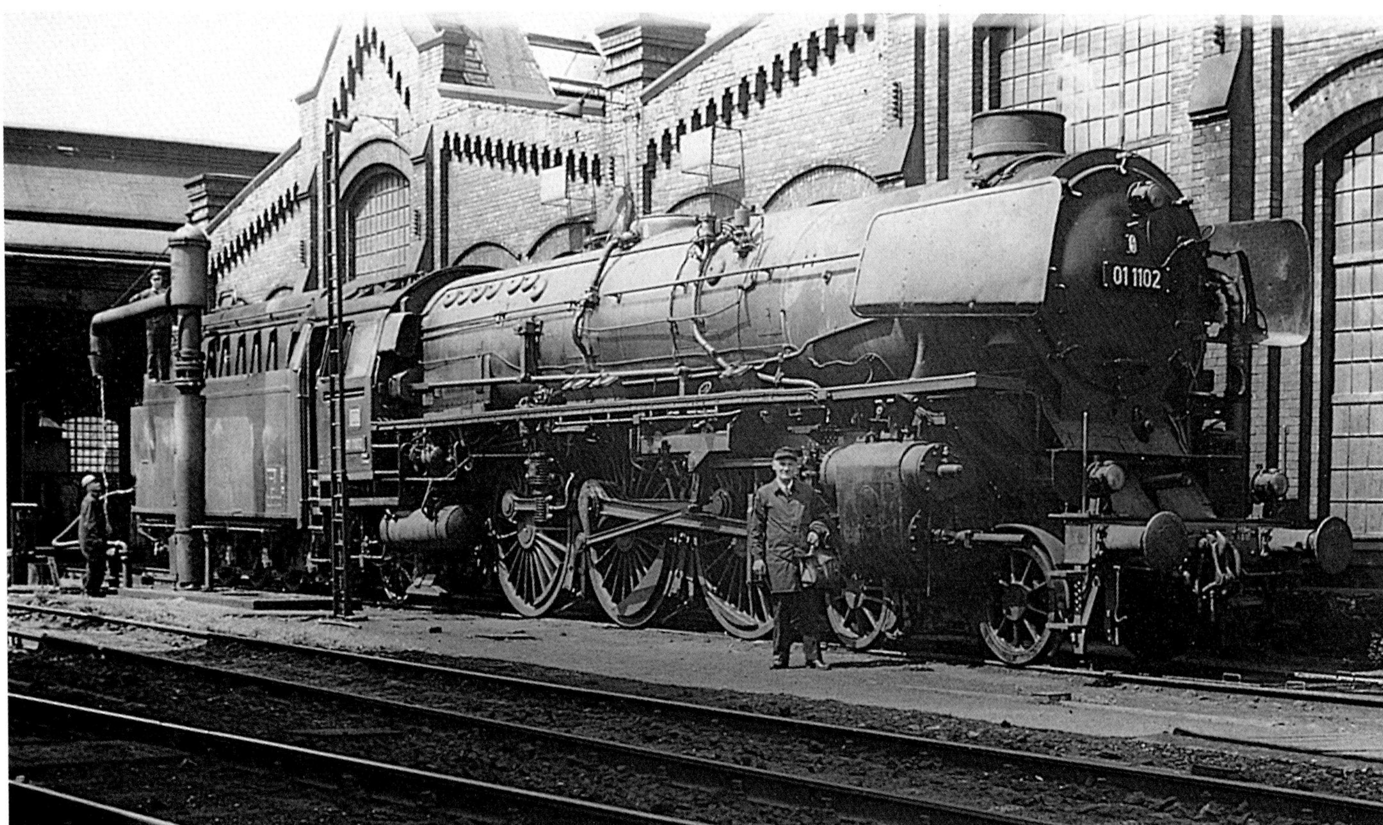
01 1102

Loks ohne ihre Stromschale

Nachdem die beiden deutschen Bahnen ihren zahlreicheren Schnellzugloks der Reihen 01^{10} und 03^{10} die Stromlinien-Verkleidung genommen und alle Einzelgängerinnen dieser Form ausgemustert hatten, waren die beiden so gegensätzlichen »Stromlinien-Jahrzehnte« von 1935 über 1945 bis 1955 endgültig vorüber. Bei der Bundesbahn standen die Loks der Baureihe 01^{10} mit dem Neubaukessel, überwiegend auch mit Ölhauptfeuerung, bis 1975 im angestrengten Schnellzugdienst. Links oben eine Bewegungsstudie bei Frankfurt am Main, darunter die Maschine 01 1102 im Bahnbetriebswerk von Kassel. Nicht ganz so glücklich wurde die DB mit ihren neubekesselten Schnellzugloks der Reihe 03^{10} wegen der gleichzeitig eingebauten Heißdampfregler. Bis 1966 wurden die 26 fast neuwertigen Loks dieser Baureihe bei der DB abgestellt. Das Bild rechts oben zeigt die Lok 03 1021 auf dem Kölner Hauptbahnhof am 23. Januar 1960 mit dem Zug E 442 nach der Ankunft von Kassel. Bei der DR kam man mit den dort verbliebenen 19 Maschinen dieses Typs besser zurecht und gab den meisten Maschinen im Jahre 1959 einen neuen Kessel, dazu ab 1965 auch eine Ölhauptfeuerung. Rechts unten ist die so ausgerüstete Lok 03 1085 am Berliner Bahnhof Warschauer Straße gezeigt; Aufnahme etwa 1970.

Stromlinie fürs Museum

Die Deutsche Bundesbahn entschloß sich 1960 glücklicherweise dazu, eine Lok der Baureihe 05 für die Nachwelt zu erhalten. Die Wahl fiel auf die am besten erhaltene Maschine 05001, die nach insgesamt1544000 km Laufleistung am 14. Juli 1958 ausgemustert worden war. In einer Gemeinschaftsarbeit der bayerischen Ausbesserungswerke wurde sie ab 1961 wieder in den Zustand von 1935 versetzt. Unten ist ihre Zerlegung am 27. Dezember 1960 in München-Freimann dokumentiert, rechts sind zwei Betreuer der Restaurierung zu erblicken: Neben Adolf Wolff, inzwischen im Ruhestand, hält Oberlokführer Karl Christ aus Freimann 1961 alle Unterlagen fest in seiner Hand. Die Endmontage der wieder neu verkleideten Stromlinienlok wurde ab Sommer 1962 vom Ausbesserungswerk Weiden in der Oberpfalz durchgeführt. Das Farbbild rechts zeigt letzte Handgriffe im Führerstand.

Deutsche Reichsbahn
05001
RBD Altona

Neue Stromlinie im alten Glanz

Bei der Vorstellung der fertig restaurierten Dampflokomotive 05 001 in Weiden hat Walther Zeitler 1963 die beiden Farbaufnahmen dieser Doppelseite einfangen können. Links ist die ganz verkleidete Heizerseite der Maschine vor dem historischen Uhrenturm des Werkes zu sehen. Das Bild rechts offenbart die Führerseite der Lokomotive 05 001 mit der nur teilweise angebrachten Stromschale. Auch die Kesselverkleidung ist aufgeschnitten dargestellt, um einen Blick auf die Stehbolzen und das Tragwerk der Verkleidung zu ermöglichen. Der Vergleich mit Seite 38 ist sehr reizvoll.

Mit Dieselkraft ins Verkehrsmuseum

Letzte Anstricharbeiten an der frisch restaurierten Lokomotive 05 001 waren in Weiden zu beobachten, ehe das Prunkstück in das Nürnberger Verkehrsmuseum überführt wurde. Am 30. Mai 1963 schob man sie mit einer Rangierlok der Baureihe V 60, die im Bild unten noch im Tunnel verdeckt ist, durch das Pegnitztal nach Nürnberg. Seit dem Entwurf der Maschine waren 30 Jahre vergangen, seit dem Geschwindigkeitsrekord ihrer Schwesterlok erst 27 Jahre, aber bei der Eisenbahn war nichts mehr wie früher geblieben.

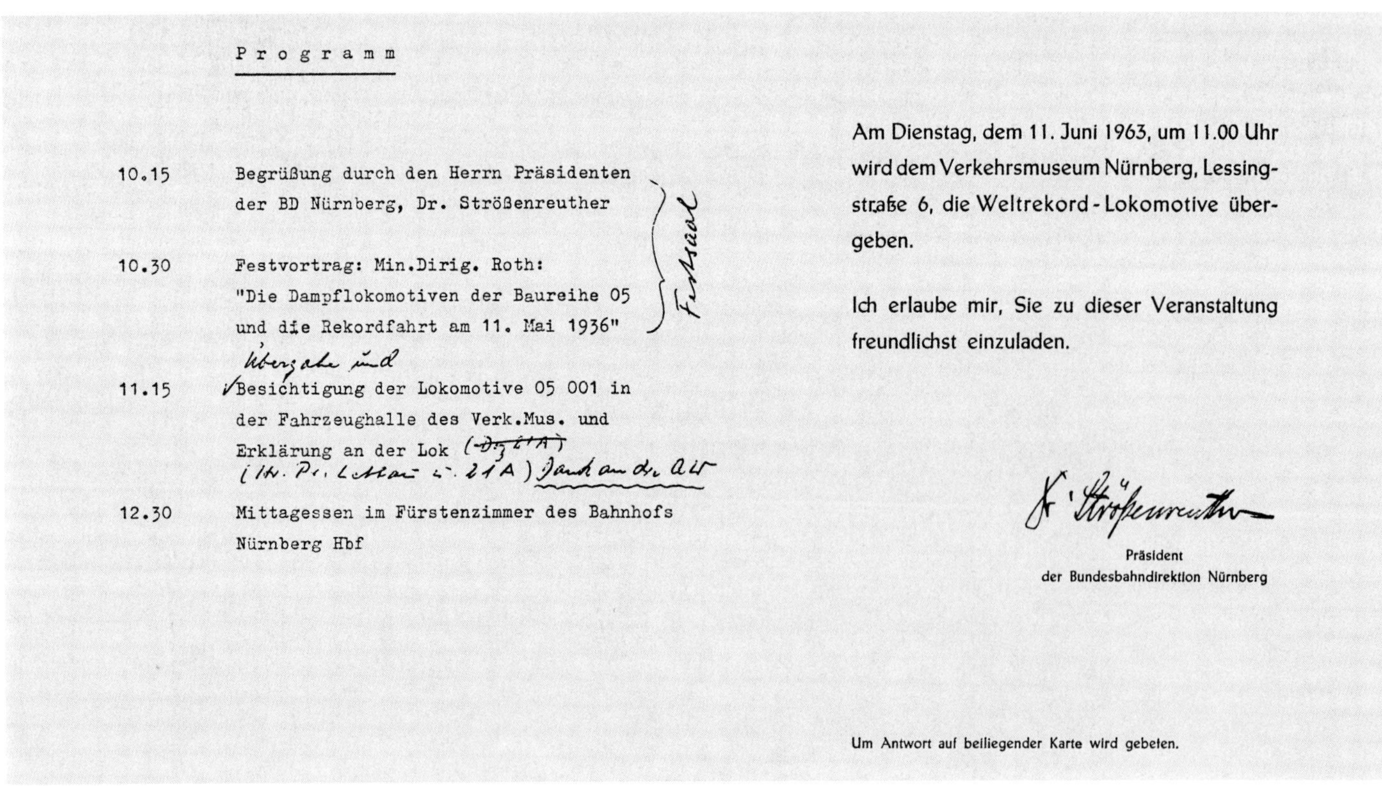

Programm

10.15	Begrüßung durch den Herrn Präsidenten der BD Nürnberg, Dr. Strößenreuther	Festsaal
10.30	Festvortrag: Min.Dirig. Roth: "Die Dampflokomotiven der Baureihe 05 und die Rekordfahrt am 11. Mai 1936"	
11.15	Übergabe und Besichtigung der Lokomotive 05 001 in der Fahrzeughalle des Verk.Mus. und Erklärung an der Lok ~~(D3 21A)~~ (Hr. Pr. Lehmann i. 21A) Dank an die AW	
12.30	Mittagessen im Fürstenzimmer des Bahnhofs Nürnberg Hbf	

Am Dienstag, dem 11. Juni 1963, um 11.00 Uhr wird dem Verkehrsmuseum Nürnberg, Lessingstraße 6, die Weltrekord-Lokomotive übergeben.

Ich erlaube mir, Sie zu dieser Veranstaltung freundlichst einzuladen.

Dr. Strößenreuther

Präsident
der Bundesbahndirektion Nürnberg

Um Antwort auf beiliegender Karte wird gebeten.

Feierstunde in Nürnberg

Die drei Abbildungen dieser Doppelseite sind bereits dreißig Jahre alt: Als die Schnellfahrlok 05 001 am 11. Juni 1963 in das Nürnberger Verkehrsmuseum gebracht wurde, waren neben dem Lokpersonal von der Rekordfahrt (vorn rechts sitzt Paul Höhne, in der Mitte Oskar Langhans, daneben seine Frau) auch drei alte Grunewalder Versuchsleute dabei. Im ersten Bild steht links Walter Helberg, daneben Paul Roth, ganz recht Friedrich Röhrs. Zweiter von rechts ist Adolf Wolff, der die Baureihe 05 über lange Jahre konstruktiv betreut hat. Ein Blick zurück auf die Seite 67 in diesem Buch zeigt Höhne, Langhans und Roth genau 27 Jahre zuvor, nämlich am 11. Mai 1936. Rechts noch einmal die beiden alten Kämpen von der Versuchsabteilung für Lokomotiven in Grunewald während des Festakts, links unten ein Blick in das Programm dieser Veranstaltung.

Letzte Stromlinien-Ideen

Bei der Deutschen Bundesbahn wurde der Bau von Dampflokomotiven ab 1949 durch Friedrich Witte bestimmt, der bereits im Reichsbahn-Zentralamt Berlin unter Richard Paul Wagner gearbeitet hatte und ihm 1942 schließlich auf dem Posten nachgefolgt war. Als Witte 1956 bei Krupp vorsorglich noch zwei schwere Dreizylinder-Schnellzugloks der Reihe 10 bauen ließ, erhielten auch sie »unterhalb des Laufbleches eine Schürze sowie eine Zylinder- und Stirnverkleidung unter der Rauchkammer in angenäherter Stromlinienform«, wie es in einem Bundesbahn-Typenblatt von 1960 hieß.

Links oben ist die noch nicht vollständige Maschine 10 001 auf dem Gelände des Herstellers in Essen am 18. Januar 1957 abgebildet, darunter die selbe Lokomotive im Schnellzugdienst auf dem Hauptbahnhof von Gießen im Mai 1964. Mitunter gelang es sogar, die beiden »Schwarzen Schwäne« der Baureihe 10 zusammen auf einem Bild festzuhalten, wie dies am 24. Mai 1963 im Betriebswerk Kassel geschehen ist. Ursprünglich war die Maschine 10 001 für das Berliner Verkehrsmuseum vorgesehen, doch schließlich gelangte sie in das Dampflokomotiv-Museum von Neuenmarkt-Wirsberg. Ihre Schwesterlok 10 002 wurde verschrottet.

Gute Form in der DDR

Als die Deutsche Reichsbahn 1961 an eine »Rekonstruktion« genannte Aufarbeitung ihrer Zweizylinder-Schnellzugloks der Baureihe 01 ging, die bekanntlich keine Stromlinientype gewesen ist, sann man aber doch über eine schnittigere Formgebung für diese neuwertigen Maschinen nach: Abgeschrägte Windleitbleche und durchgehende Domverkleidung an allen 35 Lokomotiven der Baureihe 01^5, dazu eine Triebwerksschürze und Boxpok-Stahlgußräder an einigen von ihnen sollten zeigen, daß auch im östlichen Deutschland eine gute Formgebung zuhause war. Westdeutsche Eisenbahnfreunde konnten diese Konstruktion gut in Bebra beobachten. Links oben und rechts sind zwei Szenen aus dem Bahnbetriebswerk Bebra von 1965 zu sehen, links unten ist ein »Interzonenzug« des Jahres 1964 auf der Rampe von Hönebach nach Gerstungen mit der Zuglok 01 512 abgebildet.

18 201

Waldheim
02 0201-0

Individuelle Stromlinien bei der DR

In den ersten Jahren der DDR noch im alten Zustand eingesetzt, sollte die Lok 61002 von der Reichsbahn in der DDR gegen Ende der fünfziger Jahre ausgemustert werden. Man entschloß sich dann aber, sie mit Teilen der Lok 45024 zu rekonstruieren und gab ihr neue Zylinder, einen neuen Kessel, einen Schlepptender und die teilweise Stromlinienverkleidung. Dazu kam die neue Betriebsnummer 18201, seit 1970 dann 020201–0. Bei Versuchsfahrten erreichte sie bis zu 180 Stundenkilometer. Für den Umbau von 1961 war Max Baumberg bei der Versuchs- und Entwicklungsstelle für Maschinenwirtschaft in Halle an der Saale zuständig, der 1967 auch das Lichtbild seiner Kreation vor den eigenen Schuppentoren angefertigt hat. In den letzten Jahren ist die Maschine zum gefeierten Star vieler Sonderfahrten und Fahrzeugparaden geworden, wie sie das Bild links unten auf dem Bahnhof des Ortes Waldheim illustriert. In ähnlicher Weise ist unter Baumbergs Leitung schon 1960 die Versuchslokomotive 18314 aus einer alten badischen Schnellzugmaschine hergerichtet worden, die das Bild oben vorstellt. Dieses Fahrzeug befindet sich heute im Auto- und Technikmuseum von Sinsheim bei Heidelberg. Die Ähnlichkeit der Form mit der westdeutschen Baureihe 10 von 1956 ist deutlich zu erkennen, wenn man auf die Seiten 284/285 zurückblättert.

Deutsch-polnische Stromlinienloks

Die leichten Stromlinien-Dampfloks der Reichsbahnreihe 03^{10} sind ab 1940 auf den neuen Strecken im angeschlossenen Österreich sowie in den eroberten Gebieten Polens zum Einsatz gekommen. Als 1945 die Zeit des Deutschen Reiches vorüber war, blieben einige Maschinen dieses Typs in den genannten Gebieten stehen. Neun Stromlinienloks der Baureihe 03^{10} haben die Polnischen Staatsbahnen in ihren Bestand als Gattung Pm 3 eingereiht und bis 1967/68 im Zugdienst um die Orte Thorn (Toruń), Allenstein (Olsztyn), Bromberg (Bydgoszcz) und Posen (Poznań) verwendet. Nachdem diese Konstruktion mehr als zwanzig Jahre zum Land gehört hatte, entschloß man sich zur Aufnahme einer solchen Maschine in das Warschauer Eisenbahnmuseum. Unten die frühere 03 1005 als Pm 3–3 abgestellt am 8. August 1973 in Olsztyn, rechts zwei Aufnahmen dieser Maschine nach ihrer Aufstellung unter freiem Himmel in Warszawa Glowny, August 1979. Nicht alle Bleche sind noch aus dem Lieferjahr.

E03 004
E03 004

202 003-0
BBC

Stromlinienloks von heute

Seitdem mit modernen Schienenfahrzeugen wieder die 200-Stundenkilometer-Marke erreicht werden sollte, hat man sich auch der Stromlinie wieder zugewandt. Ein prachtvolles Beispiel war die Baureihe E 03 der DB aus dem Jahre 1965 im Bild links oben, die zur Internationalen Verkehrsausstellung München herausgekommen war. Schürze und Pufferverkleidung fielen später leider fort. Darunter ist die schnellste Diesellok der Welt abgebildet, die Maschine 202 003 mit Drehstrom-Leistungsübertragung auf dem Rollenprüfstand in München-Freimann. Zu Versuchszwecken brachte man den abgerundeten Vorbau an, mit dem auf der Strecke fast 250 km/h erreicht wurden. Diese Maschine steht seit 1989 im Museum für Verkehr und Technik Berlin. Die Ergebnisse ihrer Tests sind in die Entwürfe des »Intercity Experimental«, dessen Triebkopf unten bei Thyssen-Henschel im April 1985 zu sehen ist, und des »Intercity Express« der Deutschen Bundesbahn eingeflossen. Der Experimental-Zug hat am 1. Mai 1988 ein Tempo von 406,9 km/h erreicht; dieser Rekord auf deutschen Schienen ist auch ein Erfolg der Stromlinie.

Anhang: Bildquellen und Literaturhinweise

Bildquellen

Von vielen Fotografen, Sammlern und Archiven wurden Abbildungen zu diesem Buch beigetragen. Nach fast sechszig Jahren war es nicht immer einfach, die Namen der einzelnen Bildurheber zweifelsfrei den Seitenzahlen zuzuordnen. Nicht genannte Aufnahmen sind der Sammlung des Verfassers entnommen.

Carl Bellingrodt: 72, 73, 104, 105, 122 u., 206 o.
Bildarchiv Preußischer Kulturbesitz: 87, 96, 212, 216 u., 248
Borsig-Werkfoto: 25–29, 186
Borsig (Sammlung Siegfried Kademann): 38, 49, 52–55
Karl-Heinz Brust: 265
DB-Pressedienst: 292
DB (Sammlung Gerd Neumann): 71 u., 75 o., 96 u., 119 o., 260 o.
DLA Darmstadt: 51, 64 o., 106, 107, 114, 116, 140, 153, 175, 198, 200, 222 u., 226
Theodor Düring: 154–157
Dr. Hans-Joachim Feißel: 158 u., 159 o., 273 u., 285
Johannes Glöckner: 290
Arnold Haas: 146, 147
Ausbesserungswerk Hannover: 18
Historisches Museum Hannover: 222 o.
Hans Hartz: 120, 123, 125
Henschel-Werksarchiv: 19 u., 43, 76, 86, 87, 91, 108, 112, 118, 121, 160–174, 188–192, 196, 197, 203, 293
Hermann Hoyer: 64 u., 122 o., 267 o.
Erwin von Kirchbach: 101 o.
Günther Klebes: 102, 142 o.
Rainer Knothe: 208
Krauss-Maffei Werkfoto: 23, 228, 234, 235, 238–243, 269, 270, 271 o.
Johann Kronawitter: 245 u.
Landesbildstelle Berlin: 68 u., 69, 90 u.
Ralf Ludwig: 233 o.
Karl-Ernst Maedel: 284 u., 286 u.
Dr. Albert Mühl: 158 o.
Arnold Müll: 268, 272, 274, 286 o., 287
Motoren-Turbinen-Union: 206 u.
Museum für Verkehr und Technik Berlin: 14, 33–36, 45, 48, 83, 85 u., 219 li., 221, 256 o., 258 u., 267
Verkehrsmuseum Nürnberg: 44, 47, 56, 67 u., 74, 78, 92, 98–100, 103 o., 141, 152, 204, 205, 207, 227, 244, 249, 276, 281–283
Hans Rammelt: 223
Richard Roosen: 193–195, 199, 257, 258 o.
Dr. Günther Scheingraber: 165 u., 181, 184, 224, 254 u., 261
Hans Schmidt: 271 u., 273 o., 275 o., 289 o.
Hans Schneeberger: 159 u., 187 u., 252, 253 o., 254 o., 263, 266 o.
Ernst Schörner: 71 o., 124, 138, 225 o.
Günther Schulze: 218, 256 u., 288
Herbert Stemmler: 291
Süddeutscher Verlag, Bilderdienst: 57 u., 148, 176
Horst Troche: 46 o., 65, 75 u., 217, 243 u., 264 u.
Ullstein-Bilderdienst: 17 u., 94, 219 re., 232, 233 u.
Wolfram Veith: 16, 19 u., 127 u.
Wegmann & Co.: 88 o., 89 o.
Friedrich Weyer: 70
Adolf Wolff: 46 u., 58, 59, 62, 66, 180
Walther Zeitler: 245 o., 277–280
Otto Zell: 143 o., 246 u.

Literaturhinweise

Um den Leser zur Suche nach zeitgenössischen Darstellungen der Stromlinienfrage zu ermuntern, enthält das Literaturverzeichnis sowohl eine Gruppe von historischen Aufsätzen wie auch eine Übersicht der jüngeren Veröffentlichungen zu diesem Thema.

A. Historische Aufsätze

1. Vogelpohl: »Windkanalversuche über den Luftwiderstand von Eisenbahnfahrzeugen«, VDI-Zeitschrift, 3. 2. 34.

2. Nordmann: »Ist die Dampflokomotive veraltet?«, Glasers Annalen, 15. 7. 34.
3. Flemming: »Stromlinienverkleidung für Dampflokomotiven«, Die Reichsbahn, 15. 8. 34.
4. Litz: »Stand und Entwicklungsmöglichkeiten der mit Kohle gefeuerten Dampflokomotive«, Glückauf, Nr. 52, 1934.
5. Fuchs: »Die schnellste Dampflokomotive der Welt«, Die Reichsbahn, 6. 3. 35.
6 »New German streamlined locomotives«, The Railway Gazette, 21. 6. 35.
7. Vogelpohl: »Die physikalische Natur der Bewegungswiderstände von Eisenbahnfahrzeugen«, VDI-Zeitschrift, 13. 7. 35.
8. Wagner: »Lokomotivtechnische Vorkehrungen zur Erhöhung der Fahrgeschwindigkeit«, Verkehrstechnische Woche, 20. 9. 35.
9. Nordmann: »Versuche mit Dampflokomotiven für hohe Geschwindigkeiten«, Verkehrstechnische Woche, 20. 9. 35.
10. Nordmann: »Versuchsergebnisse mit Stromlinien-Dampflokomotiven«, VDI-Zeitschrift, 12. 10. 35, und Glasers Annalen, 1. 12. 35.
11. Reckel: »Verbesserungen an der Klotzbremse für schnellfahrende Eisenbahnfahrzeuge«, VDI-Zeitschrift, 12. 10. 35.
12. Fuchs: »Die neuere Entwicklung des Lokomotivbaues bei der Deutschen Reichsbahn«, Die Reichsbahn, 25. 12. 35.
13. Wagner: »Die 2 C 2-Stromlinien-Lokomotive der Deutschen Reichsbahn«, Organ für die Fortschritte des Eisenbahnwesens, 1. 2. 36.
14. Widdecke: »Beanspruchung der Treibzapfen und der Treibstangenlager von Dampflokomotiven bei hohen Fahrgeschwindigkeiten«, Organ für die Fortschritte des Eisenbahnwesens, 1. 11. 36.
15. »Streamlined and semi-streamlined locos, German National Railways«, The Locomotive, 14. 8. 37.
16. Günther: »Dampflokomotiven für hohe Fahrgeschwindigkeiten«, Glasers Annalen, 1. 10. 37.
17. Heise: »Der erste Stromliniendampfzug der Deutschen Reichsbahn«, Glasers Annalen, 1. 10. 37.
18. Mauck: »Entwicklungsmerkmale im Dampflokomotivbau«, VDI-Zeitschrift, 1. 1. 38.
19. Nordmann: »Der Leistungsgewinn von Stromlinienlokomotiven«, VDI-Zeitschrift, 30. 4. 38.
20. Nordmann: »Dampflokomotiven mit einfacher Dampfdehnung in zwei oder drei Zylindern im Verhältnis ihrer Verbrauchszahlen«, Glasers Annalen, 1. 12. 38.
21. »2 D 2-Schnellzuglokomotive, Reihe 06 der Deutschen Reichsbahn«, Die Lokomotive, April 1939.
22. Wagner: »Der Weg zur jüngsten Reichsbahn-Schnellzuglokomotive, Baureihe 06«, Die Reichsbahn, 31. 5. 39.
23. Nordmann: »Neuere Entwicklungslinien im Dampflokomotivbau«, Glasers Annalen, 1. 6. 39.
24. »Die schnellsten Züge der Deutschen Reichsbahn nach dem Stand vom 15. 7. 39«, Die Reichsbahn, 23. 8. 39.
25. Wagner: »Die neue Lokomotivtypenreihe der Reichsbahn für veränderlichen Achsdruck«, Organ für die Fortschritte des Eisenbahnwesens, 15. 9. 39.

B. Jüngere Veröffentlichungen

1. Bush, Donald J.: The Streamlined Decade. – New York 1975.
2. Düring, Theodor: Die deutschen Schnellzug-Dampflokomotiven der Einheitsbauart. – Stuttgart 1979.
3. Gottwaldt, Alfred B.: Schienenzeppelin. – Augsburg 1972.
4. ders.: Die Stromlinien-Dampfloks der Reichsbahn. – Stuttgart 1978.
5. ders.: Die Baureihe 61 und der Henschel-Wegmann-Zug. – Stuttgart 1979.
6. ders.: Baureihe 05, schnellste Dampflok der Welt. – Stuttgart 1981.
7. Haas, Arnold: Dampflokomotiven in Nordamerika. – Stuttgart 1978.
8. ders.: Memories of New York Central Steam. – New Jersey 1980.
9. Kademann, Siegfried, und Wolfgang Messerschmidt: Henschel-Lokomotiven von 1848 bis heute. – Moers 1985.
10. van Kampen, Manfred, und Hansjürgen Wenzel: Die Baureihe 03.10. – Freiburg 1978.
11. Konzelmann, Peter: Die Baureihe 01.10. – Freiburg 1977.
12. Kieselbach, Ralf J. F.: Stromlinienautos in Deutschland. – Stuttgart 1982.
13. ders.: Stromlinienbusse in Deutschland. – Stuttgart 1983.
14. Kurz, Heinz R.: Fliegende Züge. – Freiburg 1986.
15. Kutschik, Dietrich: Lokomotiven von Borsig. – Berlin (Ost) 1985.
16. Lichtenstein, Claude, und Franz Engler: Stromlinienform. – Zürich 1992.
17. Loewy, Raymond: Locomotive. Reprint der Ausgabe von 1937. – New York 1987.
18. Maedel, Karl-Ernst: Die deutschen Dampflokomotiven gestern und heute. – Berlin (Ost) 1969.
19. Messerschmidt, Wolfgang: Bilddokumente der Dampflokomotive. – Stuttgart 1986.
20. Obermayer, Horst, und Manfred Weisbrod: Die Baureihe 0110. – Fürstenfeldbruck 1992.
21. Quellmalz, Jürgen: Die Baureihe 05. – Freiburg 1978.
22. Scharf, Hans-Wolfgang, und Friedhelm Ernst: Vom Fernschnellzug zum Intercity. – Freiburg 1983.

Wir schreiben über mehr als Dampf !

Spannende Abenteuer mit der Eisenbahn, computergesteuerte Modellbahn-Tests, originelle Werkstatt-Tips, einmalige Fotos, Geschichten von Menschen und Maschinen – bei uns finden Sie alles, was Modell und Vorbild an Faszination bieten.

Überzeugen Sie sich selbst!
Wir schicken Ihnen gern ein kostenloses Probeheft zum Schnuppern.

Also gleich anfordern – per Postkarte, per Fax oder telefonisch.

MODELLEISENBAHNER
Pietsch + Scholten Verlag
Postfach 10 37 43, D-70032 Stuttgart
Olgastraße 86, D-70180 Stuttgart
Telefon (07 11) 2 10 80 75
Fax (07 11) 2 36 04 15 oder 2 10 80 74

61 002